JN294290

irodori

なりたい自分に近づくチカラ

高島 彩

“人は変われる。
なりたい自分に近づける。”

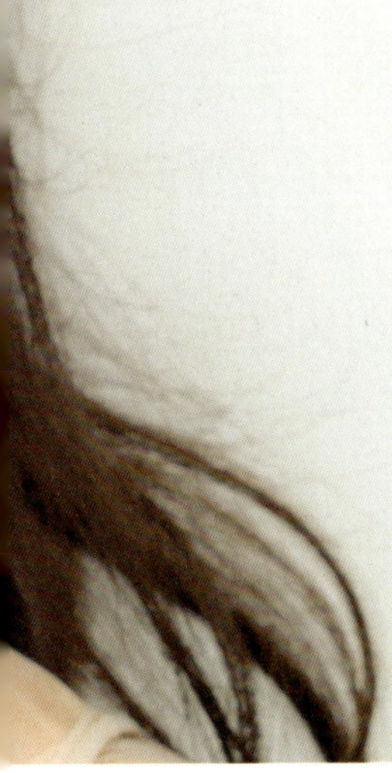

CONTENTS

トップス／ハロッズ　ショートパンツ／ポール カ（ともにナイツブリッジ・インターナショナル）　ピアス／Shaesby（ラ・フェリア カスタマーインフォメーションサービス）

はじめに

ダイニングテーブルを拭く手を休めた瞬間、電車の窓からなに気なく空を見上げた時、今ある自分を不思議に思うことがあります。やんちゃに過ごした学生時代の私からしたら、今の私はとても想像できません。フジテレビのアナウンサーになり、「めざましテレビ」を担当させてもらい、こんなふうに本を作らせていただいている。そんな自分は夢のようです。でも、私は、信じていることがあります。

それは、人は変われるということ。

自分自身に期待してあげ、自分がどうしたいのか、どうなりたいのかを明確にし、行動することで、なりたい自分に近づけると思うのです。

思い返せば、ちょうど3年前、女性誌『GINGER』での連載を始めた2009年春でした。30歳になったばかりの私は「20代女子」という、ある種それだけで付加価値があった自分からの卒業に戸惑っていました。それは、一所懸命であれば失敗も許される環境からの卒業であり、焦ることなく独身でいられる安全地帯からの卒業。お菓子のチョコレートコーティングが溶けるように、美味しい部分が剝《は》がれ落ちて中身がむき出しになる。そんな気がして、不安でした。中身は本当に美味しいの?

いつの間にか、人に合わせたり、その場の空気を読むことが上手くなっていて、自分が本当に好きなものがいったいなんなのかさえ分からなくなっていた当時、まずは自分を知ろうと決めました。

自分探しと言ったら少し大袈裟《おおげさ》ですが、自分の心に素直に、好きなものは好きだと大きな声で言える人になろうと考え、目の前に起こることを、「私が好きなのは……」という視点で考えることから始めました。たとえば、黄色い花と白い花、チーム作業と個人作業、エレベーターとエスカレーター。とても単純なことだけれど、「どちらでもいい」と思うのではなく「どちらが好きか」を意識することで、自分という人間の輪郭が見え、自分を知ることにも繋《つな》がっていきました。今でも、「自分を知る」というのは日々のテーマです。旅をしたり、反省したり、挑戦したり、そんな日々の繰り返しです。

この本では、そんな30歳になってからの3年間、生活の中で感じたことや気になったことを、限りなくすっぴんな心で書いてみました。人との出会いで学んだ大切なこと。私が心から大好きなもの。私が生きていく上で大切にしているものが、ちりばめられています。

決して、特別なものではないけれど、この本を読み終えたあなたの日々が、穏やかに色づきますように。

そんな願いと感謝を込めて、この本を贈ります。

“私”について語らせて!!

「高島彩」を表すキーワード

テレビではお見せしていない部分も含めて、素顔の私を自己紹介します。

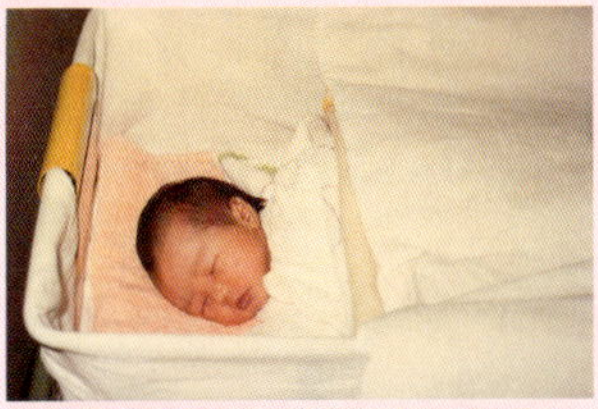

a

b

Keyword: 01

負けず嫌い

子供の頃から、私のキャラクターを一番言い表しているキーワードが、これ。フジテレビのアナウンサー試験を受けた時も、「めざましテレビ」のMCをやることになった時も、実現が難しそうなことにぶつかったり、周りに反対された時に初めて、内側からむくむくと出てくる「ここでは引き下がれない」「このままじゃ終われない」という思い。他人に対してではなく、自分自身との闘いが節目節目にあって。そんな時、負けず嫌いな気持ちこそが私のエネルギー源なのです。

0歳

a. 1979年2月18日世田谷区下馬にて、3050グラムでこの世に参上。（0歳）
b. この頃は、なぜか「はだかんぼう」の写真多数。（11カ月）

c

d

e

幼児期

c. 我が家のお庭で、母とひなたぼっこ。（3歳半） **d.** 人生初の夏祭りへ、兄と一緒に浴衣でポーズ。（1歳半） **e.** 父に肩車をしてもらうのが大好きでした。（1歳）

Keyword: 02

家族全員、感動屋

実は、私はかなり涙もろいほうなのですが、母と兄はもっと上。テレビで流れたオリンピックの感動シーンにうるっとして、ふっと横を向くと、ふたりはぼろぼろ涙を流していたり。それで目が合うと、今度は3人で大爆笑！ ずっとそんなことが当たり前だと思っていましたが、大人になって気付くと、うちの家族って泣いたり笑ったり喜怒哀楽が激しいんだなって。そんなところが、高島家のイイトコロです（笑）。

f

g

幼稚園時代

f. 幼稚園のお遊戯会で「親指姫」を熱演!?（5歳）
g. お庭に雪が積もったので、兄と一緒に雪だるまを作りました。（5歳）

h

h. 家族写真、祖父と祖母と父と母と兄と。おすまししてます。

i

j

小学生時代

i. 成蹊小学校の入学式、緊張してます。
j. 夏の林間学校で志賀高原に。ぽっちゃりしてきました。(小学校５年)

Keyword: 03

まとめたがり屋

高校生の頃から、期末試験前になると、１学期分の学習内容をA4の紙４枚ぐらいに収まるように、とにかくまとめないと気が済まないコでした。そして、それは仕事においてもつねにそうで。インタビューをする時も、事前に自分なりに質問の要点をまとめておいて、さらに話の流れを想定して、Aパターン、Bパターン……と、紙にまとめておく。全て手書きなのは、手で書いて頭を整理しないと、その事柄が心の中にまで落ちてこない気がするからです。

k

中学生時代

k. 中学の前庭にて、放課後の１枚。(中学校2年)

Keyword: 04

豪快と乙女のミックス

テディベアのぬいぐるみ、ガラス細工……乙女ちっくな可愛いものが好きなのは、人形を作ったり、パッチワークをするのが好きな母の影響かもしれません。「意外とロマンチックですね」と言われたりしますが、生ビールを大ジョッキで飲む姿は「やっぱり豪快ですね」と言われたり。自分でも不思議です。

l

m

高校生時代

l. 渋谷のハチ公前。若かったあの頃。(高校2年)
m. 体育のテニスの授業が大好きでした。(高校3年)

Keyword: 05

プライベートはどこまでもゆる〜く

仕事では“仕切り屋”の私も、凄腕の“仕切り屋さん”がいる仲間うちでは全ておまかせ。むしろ“散らかし屋”という感じで、たとえば会話していても、みんながまとまり始めると、傍から茶々を入れてちょっと悪戯《いたずら》してみたり……。とにかくひたすらどこまでも、プライベートはゆる〜い人。ちなみに今でも仲良しの学生時代からの友だちは私を含めて全員、豪快な飲み手。みんなで賑やかに飲む時間が大好きです。

Keyword:

06

ON/OFFの スイッチで別人

仕事でONスイッチが入ると、何よりも一番に客観性を大事にしたい。だから、誰よりも客観的に冷静でいようと思うし、どうすればその人の一番いいところを引き出すお手伝いができるかとか、どんな言い回しだと相手に分かりやすく伝わるだろうかとか、仕事脳が全開になるんです。でもOFFの時は、真逆!! まったくもってマイペース、自由気ままなんです。だから正直、自分でもよく「私って何重人格なんだろう?」と思ったりします。

ブラウス、スカート／ともにblugirl（ブルーベル・ジャパン ファッション事業本部） ピアス／Shaesby（ラ・フェリア カスタマーインフォメーションサービス）

Keyword: 07

恋愛の充実なくして、仕事の充実なし

恋愛だけ、仕事だけではハッピーな気持ちにはなれません。これはずっと変わらないスタンス。恋愛体質の私は、のめり込んでしまうと仕事にしわ寄せがくることに気付いてからは、それぞれに全力投球できるよう、デートは週末と決めました。信頼関係を築けない相手だったら、会えない時間の多さに心が離れてしまったかもしれません。でも、会えない時ほど、お互いを大切に思えるかどうかが試され、絆を深めることができたように思います。

n

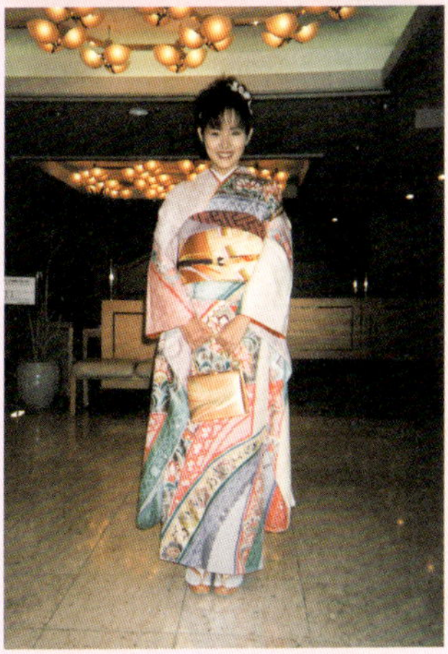

o

Keyword: 08

仕事終わりにシュワッと！

ビールでもスパークリングワインでも、仕事の終わりにはとにかくシュワッとしたものを飲みたくなります。自分へのご褒美じゃないですけど、シュワシュワが喉を通り過ぎる瞬間に「お疲れ、私！」と気持ちが切り替わる。この切り替えがないと、なんだか仕事が終わった気がしなくて（笑）。だから、飲む相手がいない時は、ひとりでシュワッでももちろんOK。

大学生時代

n. 韓国旅行でタッカルビ屋さんへ。向かって左側、ちょっと色黒な私。（19歳）
o. 成人式にはもちろん振袖で。帯がキツすぎて、このあと倒れました。（20歳）

p

大学卒業

p. 大学の卒業式。正門前で母とともに。16年間お世話になった成蹊学園を巣立ちます。

Keyword: 09

目標は母のような女性

母は専業主婦として、基本的に365日家にいる人。いつだったか、そんな母から「子供たち（兄と私）から聞く日々のことやあなたたちとの思い出を自分の中で反芻しているだけでこんなに楽しいことはない。だからママはもう十分なのよ」という言葉を聞きました。人は働けば働くほどどんどん欲張りになる。それが仕事の原動力ではあるけれど、やっぱり人間のキャパシティは決まっていて、外への比重を置きすぎると家族への思いが疎《おろそ》かになってしまうかもしれない。だから、自分の中にある幸せを噛みしめている母の姿はいつも、私の一番の目標です。

計画的で柔軟性のある旅が私スタイル

Essay 01

パズルのように旅を組み立てる快感

旅に出たい！

年に何回か衝動的に湧き上がる「旅欲」。観たい景色や食べたいもの、逢いたい人によって旅先は変わりますが、思い立ったが吉日、即チケットを予約します。急遽の仕事で行けなくなっても大丈夫なように、2カ月後まで変更が可能な航空マイルでチケットを取るのも私の旅ポイントです。

旅の一番の目的は、やはりリフレッシュ。仕事場と家の往復だけという日々が続くと、とにかく東京を脱出して、体の中の空気を全部入れ替えたくなる。日々の小さなリフレッシュでは追いつかないくらい、体の中の空気が淀んでくるのが分かるんです。

そんな時の行き先は迷わず沖縄。

沖縄の包みこんでくれる空気とエネルギッシュな太陽が大好きで、年に2、3回は行きます。「沖縄のお母さん」のような方に会って話をしたり、島らっきょうや豚足を食べたり、海を眺めたり……。とにかく五感をフル活用して貪欲にリフレッシュ。心身ともに深呼吸をしに行くという感じでしょうか。

海外旅行は、アジアが中心。

「めざましテレビ」があるので、夏休みの1週間を除けば、旅は最大2泊3日と決まっています。そう考えると、必然的に羽田発アジア行きという選択肢に。8時にオンエアが終わって、8時15分にタクシーに乗って、10時過ぎにはもう飛行機に乗っていたりします。そのスリリングなスケジューリングも、パズルを組み立てるみたいで燃えるんです。

昨年末も韓国に行ったのですが、ネットやクチコミの情報を集めて、タイムスケジュールや連絡先を書きこんだ旅のしおりを作りました。ウォン安の時期だったので、それならば！　とあえて時間もお金もケチケチ旅行にして、クーポン、地下鉄フル活用。予定もがっちり組みこみましたが、とはいえ柔軟に。この時も、初めて行ったスパが大当たりだったので、3日間連続でスパ通いした上に、スパのお姉さんに薦められたハンバーガー屋さんも気になってしまい、1日4食という胃袋的にハードなスケジュールに。

仕事と変わらないくらい忙しくても、人に管理されずに、自分の好きなように自分を追い込むのは、まったく別の満足感があるんです。

心の底からリラックスしたい瞬間

時には、ひとり旅もします。

ひとり旅の行き先は、ちょっと寂しさを感じられる場所が好み。「ひとり旅をしている自分」や「寂しさにも耐えられる自分」に浸ってみたりして（笑）。紅葉の終わりかけた十和田湖ひとり旅も味わい深かったです。

秋田に着いてレンタカーを借りて、持参した斉藤和義さんのCDをかけながら驚くほど街灯が少ない道を2時間のドライブ。旅館では仲居さんとおしゃべりをしながら利き酒をしたり、朝は十和田神社にお参りをして、十和田湖の白鳥をぼーっと眺めたり。自分だけのために時間を使うことで、すっかりリラックスできました。

今行きたい場所は皆既日食中の屋久島（2009年の7月）。でもすでに飛行機もホテルもいっぱい。しかも平日なので「めざましテレビ」の生放送がありますし、残念ながら行けそうにありません。海外では、イースター島に行ってみたいですね。モアイ像の横に並んで朝日が昇るのを体で感じたいんです。実は、2010年の7月に、イースター島で皆既日食が見られるらしく、これって、旅の目的がふたつも叶うという奇跡的なチャンス。今から実現に向けて、来年の夏休みの計画、始めてます。

（2009年6月号）

Travel Album in Japan

思いきりリラックスできる日本の旅
自然と戯れる幸せ時間に浸りたくて

Miyakojima

心を休めたい時は、宮古島へ。
背中の皮が剝けるほど夢中になったシュノーケリング。
どこまでも透明な海とキレイな魚が待っています。

海を見て黄昏《たそが》れる私。

大好きな豚足入りソーキソバ。
これでお肌もプルプル。

後輩であり、戦友であり、大切な友達。

ひまわり娘をイメージしてその気の私。

Kohamajima

ドラマ「ちゅらさん」の舞台にもなった小浜島。
信号がひとつもないこの島では、目的地まで自分の好きなスピードで辿り着くことができます。
自由と不自由がミックスされた島。

後輩の石本沙織アナウンサーと。
ダイビング最高!

島中に黒牛がいっぱい!

マングローブ林をカヌーで探検。

Okinawa

沖縄は、年に一度は必ず訪れる大好きな場所。
悩んでいる時は、「なんくるないさー」と思わせてくれる、ゆったりした時間が流れています。

雷鳥は人を恐れない、優しい佇まい。

吹雪で顔が痛い！

乗鞍岳山頂に到着！ 雷鳥にも会えました！

Norikuradake

特別天然記念物の「雷鳥」を探しに雪山登山に挑戦！
山小屋に泊まり、吹雪に打たれ、自然の厳しさを知りました。
奇跡的に、真っ白な「雷鳥」にも会うことができました。

船酔いしないのが、ちょっとした自慢。

宝島の海岸。みんなで作る。

自然が作る芸術、鍾乳洞。

潮の音を聞きながら、
このまま寝てしまいたい。

Takarajima

めざましテレビの卒業取材で訪れた、
日本最南端の有人島。太陽のパワーと、
自然に存在する無数の「青」に圧倒されました。
島の人々の素朴な温かさが沁みた旅でした。

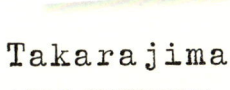

©Jun Imajo

「テレビとは違う自分」になりたいというファッション観

Essay 02

プライベート服は「仕事の反動」で選ぶ

旅をすることが大きなリラックス方法だとしたら、洋服選びや買い物は日々の小さなリラックス方法です。自分を包む洋服によってテンションも体調も変わりますよね。

私のプライベートの服は大半が仕事の反動みたいなもの。仕事とプライベートの切り替えのためにも、洋服でのオン・オフがとても重要なんです。

まず第一に「着やすい」ということ。テレビでは比較的タイトなシルエットのアイテムやかっちりした服装が多いので、オフの時はその反動でリラックスしたい。Tシャツにデニムにパーカ……といった、そのまま海に行けるような格好が好きなんです。でも完全には崩さない。アクセサリーやベルト、靴など、ワンポイントで良いものを取り入れる。三十女の身だしなみといったところでしょうか。

第二に「控えめな色使い」。私服は黒、白、紺、グレーがほとんど。テレビでは色のある衣装が多いので、その分プライベートではできるだけ目立たないようにしようという心理が働いてしまいます。

でも一方で、矛盾するようですが、遊び心のある服装に挑戦したくなることもあります。番組での私のイメージとも違う、でもシンプルでもラフでもない、ちょっと攻撃的な服。ショートパンツや、ドクロモチーフなど……まぁ3カ月に一度ぐらいの挑戦ではありますが。そうやって刺激を取り入れるんです。

　実は先日もサロンで真っ赤なネイルにしてもらったんです。仕事が忙しくて最近遊びに行けていないな、と思ったら何か刺激が欲しく。「もう、赤、やっちゃってください！」ってネイリストさんにお願いして。かなり攻撃的な気分で冒険しましたが、特に誰にも気付いてもらえず……。自己満足の極みですね。

自分に似合う服を選ぶには？

　ショッピングは、お店に入ってすぐ、ピピピッと「欲しいものセンサー」が働いて、5、6着に絞られるんですが、そこからは長いですね。試着して、お店のスタッフの方にもアドバイスをいただいて。ダメ出しをしてくださるスタッフさんのほうが信頼できます。迷っている時に浮かぶのはこの年になっても母の顔。似たようなものを買って帰ったりするといまだに怒られるんです……。

　母と買い物に行くことも多いですね。母はいつも、体のラインがキレイに見えるものを、とアドバイスしてくれます。「その服は背中のお肉が気になるわねぇ」とか、「お尻が大きく見えるから、ダメ！」とか、ズバズバと（笑）。でも自分では見えない後ろ姿について率直なアドバイスをもらえるのは、助かります。

　私自身は、スクエアネックやボートネックなどの、鎖骨がキレイに見える服を意識して選びます。あとは二の腕の太さが気になるので、できる限り出さないこと。それでも軽やかさを出したい時には、袖の部分が透ける素材のものを選んだりします。

　今は変に背のびもしたくないし、若作りもしたくない。これはナシ！ というものがはっきりしてきて、以前より絞られてきた気がします。少し前までは流行のものを見て「わぁ、欲しい！」と思うこともありましたが、今はちゃんと自分に合うものを選ばなくては、と消去法の服選びを意識しています。

　これから挑戦したいのは着物ですね。お芝居を観に行く時など、日常でさり気なく着られるようになったらとても素敵。しっとりと優美に。いつになることやら……。

（2009年7月号）

長所を魅せて、短所をカバーしてくれる

自分スタイルの必需品リスト

自分に似合う服、気分をアップさせる装飾品、使い勝手のいい小物たち。
——ひとつひとつ吟味しながら私のおしゃれに取り入れた“理由アリ”のアイテムです。

※表記のないものは本人私物です。

Daily

たる〜んとしたデザインで小顔効果

ドレープデザインのニット

とにかくドレープものが大好き。首まわりをすっきり見せることで、小顔効果もあるし、鎖骨がちらっと見える柔らかなラインは、女性らしさもプラスしてくれます。何より、着ていて楽なのも嬉しいです。

ニット／クルチアーニ（ストラスブルゴ）

シルエットでスリム脚を演出

美ラインの細身パンツ

仕事でスカートスタイルが多いので、プライベートはパンツ派。とはいえ、油断して脚が太くならないように、細身をはいていつも意識するようにしています。ゆったりとしたトップスを合わせるのが、休日の定番スタイル。

白パンツ／JOSEPH（オンワード樫山）

ふくらはぎを上げて美脚を作る

JIMMY CHOOのベージュパンプス

カジュアルなパンツスタイルでも、足元にジミーチュウのパンプスをもってくるだけで、女性らしさを演出できます。肌に溶け込むこのベージュは脚長効果もあって、手放せません! 美シルエットのトウも素敵です。

荷物が多い日のMy定番バッグ

イヴ・サンローランの大きめバッグ

A4サイズの資料もすっぽり余裕で入る、見かけ以上の収納力。時間のない朝は、このバッグにポンポンと荷物を詰め込んで出かけます。なので、ドラえもんのポケットみたいに、バッグの中からいろいろ出てきます（笑）。

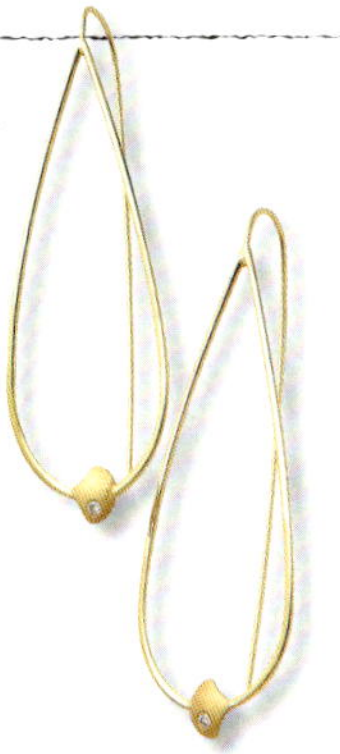

控えめ、でも上品でアピール力のある

華奢アクセサリー

ピアスやネックレスなどのアクセサリーは、華奢だけれども、存在感のあるデザインが定番。控えめと、アピールのちょうど中間ぐらいを探すのが好きです。アクセサリーボックスの中には、お気に入りがたくさん！

ネックレス、フックピアス／すべてShaesby（ラ・フェリア カスタマーインフォメーションサービス）

時々“メガネ女子”です

きちんと系フレーム

すっぴんの時だけでなく、プライベートではメガネが必需品。目の下のくすみを隠してくれるだけでなく、黒いフレームは小顔効果もあるんです。時には、カラフルなフレームで、遊び心をプラスすることも。

メガネフレーム／すべてゾフ・パーク原宿

お仕事スタイルの引き締め役

革ベルトの上品ウォッチ

アナウンサーという仕事柄、時計は必需品。金属製のブレスレットタイプと違い、テーブルに腕を置いた時に時計が当たっても、音がたたない革ベルトが鉄則。付けているのを忘れてしまう、軽さもポイント高いのです。

ナチュラル脚の秘密兵器

無印良品ストッキング

生足でいるのが恥ずかしい私にとって、何よりもナチュラルに見せてくれる無印良品のストッキングは強い味方。余計な光沢感がないのもお気に入りポイント。そして、3足組で1,000円というお値段は助かります。

Casual

歩く、を思いきり楽しめる
ぺたんこハーフブーツ

細身のパンツとの相性抜群！　基本的には、脚をキレイに見せるためにヒール派の私ですが、街を歩きまわりたい時は、これで決まり！ ブーツからのぞくクシュクシュニットがふくらはぎのラインをキレイに見せてくれます。

アップスタイルが基本だから！
ポニーテール＋ヘアアクセ

顔に髪の毛がかかるのが苦手な私は、とにかくいつもポニーテール。そして、ヘアアクセでアレンジを楽しんでいます。このプラスワンは、女子度を上げる大事なアイテム。

カチューシャ、薔薇モチーフ付きバレッタ／ともにacca（acca 青山店）

着こなしの仕上げに欠かせません
柔らか素材のストール

顔のまわりは、特に柔らかくて気持ちのいい素材にこだわりたい私。いつも優しく包まれるような、そんなイメージで。ショップでストールを購入する時も、必ず首に巻いて、肌に触れる感触を確かめます。

柄ストール／ピエール ルイ マシア（ストラスブルゴ）

冬の寒さを幸せにシフトする
パリで買ったガウンコート

パリを旅行中に、あまりの寒さにボン・マルシェで衝動買いしたコートです。フードのような大きな襟の、上品なボリューム感がお気に入りポイント。防寒はこの1枚で完璧なので、コートの下は厚着しなくても大丈夫です。

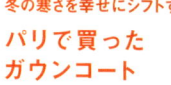

カジュアル服のアクセントに

ビッグフェイスの白ウォッチ

仕事の時は目立ちすぎるので身に付けられない、CHANELの大きめの腕時計。休日スタイルでは、アクセサリーを付けなくてもこれひとつで、十分に存在感があるので便利です。防水機能もあるので、海に行く時も重宝します。

自分に似合う1本、見つけました

Theoryのストレートデニム

休日はデニムスタイルの多い私ですが、いろいろと試した結果、ウエスト、腰まわり、腿まわりのフィット感が抜群なTheoryがヘビーローテーションのデニム。ちゃんと女性らしさを意識したラインも高ポイントです。

襟開き広めでリラックスできる

上質カシミアニット

思わず頬ずりしたくなるような、カシミアの柔らかさが大好き。できれば、身を包むものはぜんぶカシミアにしたいくらい（笑）。リラックス感を重視して、襟元が大きく開いたデザインがお気に入りです。

白ニット／JOSEPH（オンワード樫山）

シンプルコーディネートに華を足す

CHANELのチェーンバッグ

カジュアルなコーディネートの時ほど、その効果を発揮してくれるのがチェーンバッグ。これひとつで、きちんとした印象もプラスできるし、上品なデザインとサイズ感なのに、意外と収納力があるのも大きな魅力です。

ジュエリー代わりにさり気なく

大人なブレスウォッチ

手首にしなやかにフィットするチェーンブレスレットと、文字盤まわりのさり気ない輝きが気に入っています。ゴールド使いなのに華奢なルックスだから、派手に見えないところもお気に入りの理由。

一生モノの良さを実感したくて

えんじ色のバーキン

憧れのバーキンは、大人色のえんじを選択。上質なレザーが放つ特別感、世界中の女性に支持されているのも納得です。バーキンをカジュアルに使う女性に憧れますが、ついつい、とっておきにしてしまう私はまだまだですね。

ふんわり、でもしっかりしたカタチ

パーティードレスは シルクタフタ

独特の光沢とハリ感のあるタフタ素材、ウエストがシェイプされたこのデザインは、好きなドレスの基本形。スカートの中にチュチュを仕込めば、お姫様ラインをメイキングできて、スタイルもよく見えます。

ドレス／FOXEY BOUTIQUE（FOXEY 銀座本店）

ここぞ、という時に活用したい

MIKIMOTOのパール

大切な人からのプレゼントです。パールの上品な白い輝きは、肌をキレイに見せてくれる気がします。パーティーはもちろん、目上の方とお会いする時のジュエリーは、パールを選べば間違いありません。

可憐な色に一目惚れしました

赤珊瑚の お守りアクセ

赤い色の珊瑚は、邪気を払ってくれるといわれているお守りのようなアクセサリー。大粒の珊瑚は一粒でも存在感があります。ドレスだけでなく、タートルネックのニットに合わせたり、カジュアルにも使えます。

Dress-up

Cozy

香りの力を借りたい気分の時だけ
ボンドナンバーナインの香水

普段は石鹸の香りで十分と考えている私。なので香水はつけないのですが、少し気分を変えたい日や、パーティーの時はこの香水を愛用しています。甘すぎない、ユニセックスな香りが、好評です。噂では、ダライ・ラマ氏も買っていかれたとか（笑）。

ワードローブのベースは黒じゃない
ベージュのプレーンな服

私の肌をキレイに見せてくれるベージュは、身に付ける色の中でも一番好きな色。黒やグレーなどの他の定番色と異なり、優しさと上品さを併せ持っているのが魅力。クローゼットにはベージュがいっぱいです。

レースそでのニット／マルティニーク（martinique丸の内）　Aラインスカート／αA

軽くてソフト、旅に便利！
くったりレザーのバッグ

なんてったって、本当に驚くほど軽くて柔らかいロエベのレザー。特に上のトートは、メインバッグの中に丸めて入れられるので、荷物が増えがちな旅には最適！ それでいて、きちんと感もあるから、私の旅には欠かせません。

いい夢を見られますように…
ロング丈の姫ネグリジェ

一生の3分の1と言われる睡眠タイムに自分の身を包んでくれるアイテムだから、やはり寝間着にはしっかりこだわりたい。肌に優しい天然素材、そしていい夢が見られそうな優しい色が定番です。

白ネグリジェ／nanadecor

苦手と言いつつ エンジョイもしたい—— 夏への思い

Essay 03

夏の孤独感

実は私、夏はあまり得意じゃないんです。

突然、後ろ向きな発言ですみません（笑）。夏のなんとなくウキウキした、恋とか、イベントとか、〝何か楽しいことないかな〟っていうあの空気に乗れなくて……。というか、乗り遅れることが多いのかな。みんなが盛り上がっていればいるほど、取り残されたような寂しさを感じてしまうんです。

子供時代を振り返っても、私立の小学校に通っていた私は、夏祭りで地元の子供たちが楽しそうに集まったり、お神輿《みこし》を担いだりしているのがすごくうらやましくて、ひとりで水風船を空に向かって投げながら、トボトボと帰ったことを今でも覚えています。

とはいえ、夏休みの楽しい思い出もありますよ。毎年友人や親戚と別荘に集まって、畑で採れた新鮮な野菜を料理して食べたり、母たちが作る大量のおにぎりを持って海に行ったり、スイカ割りをしたり、本当に真っ黒になるまで遊んでいました。

虫採りもしましたね。カブトムシやクワガタをいっぱい採って持ち帰る。一度車の中でカゴが開いてしまって、車内に黒い虫がウジャウジャと溢《あふ》れかえったことがあって、あれ以来、虫嫌いになってしまいましたが、それも懐かしい思い出です。

夏フェスにキャンプ……実は、夏満喫派!?

社会人になってから、夏はイベント関連の仕事も多く、あまり遊べなくなりましたが、合間を縫って楽しむことも忘れません。夏を好きになるための努力とでもいいましょうか（笑）。

去年は京都の宇治で開かれた夏フェスに足を運んだのが一番の思い出です。ペットボトルの水を浴びながら、大好きな仲間と音楽に身をゆだねて、最高に楽しい時間を過ごしました。アーティストの方も解放されているようで、CDやテレビで聴く演奏や歌とはまた違う、自由な音を感じることができるんです。何千人もの観客が個々で楽しむ一体感というんでしょうか？　ひとりぼっちじゃない。これも夏フェスの醍醐味です。

なんだか、書いているうちに「私は夏が好きなんじゃないか」と思い始めましたが、それはそれとしましょう（笑）。

花火大会も夏の楽しみのひとつです。去年は友達の家に集まって花火を見たり、一昨年はレストランの一室を借りて東京湾の花火を見たりと大人な楽しみ方をしちゃいました。学生の時、二子玉川の花火大会の帰りに大雨にあって、浴衣がびしょ濡れの散々な目にあって以来、花火大会は屋内で見るものと決めているんです（笑）。

今年の夏はキャンプに挑戦したい。キャンピングカーを借りて、食材を持って、犬も連れて。実は昔からキャンピングカーへの憧れがあるんです。閉所が好きで、子供の頃はよく、雨の日に車の中にブランケットと本を持ち込んで、ひとりの時間を過ごすのがお気に入りでした。母に「ヘンな子ね」って不思議がられていましたけど。あの秘密基地のような感じが安心できて好きなんです。大人になった今なら、キャンピングカーでの寝泊まりも実現できそうです。

以前、アウトドアで料理する番組を担当していたんですが、ダッチオーブンを使って屋外で作る料理って、自然の恵みを一身に受けた、感謝と感動の美味しさなんです。なので、料理担当として腕をふるえたら幸せですね。

そうそう！　最近、庭でトマトとシソとニガウリを育て始めたんです。この収穫期がちょうど夏頃の予定。身近な自然の恵みをいただくのも、今年の夏の何よりの楽しみです。

（2009年8月号）

私なりの
食へのこだわり、
そして自分で作る喜び

Essay 04

料理は恋人？

「食欲の春夏秋冬」というくらい1年中食べることが大好きな私ですが、それでも、やはり秋は特別。美味しい食べ物に出合う機会が増えるように思います。好きな食材が溢れているのはもちろん、夏はサッパリ系やスタミナ系、冬はあったかいお鍋やクリーム系など、気候に合わせた食事を楽しむことが多くなりますが、その点、秋は純粋に好きなものをいただくことができるからでしょうか。

仕事柄、私の食生活はちょっと変わっています。なんといっても毎日午前2時半起きですから、1分1秒でも寝ていたい私にとって、朝食時間はカット候補の筆頭。何も食べずに出かけることがほとんどです。

でも、ありがたいことに、番組の日本の食材を紹介するコーナーで、毎朝6時前にしっかりと、時にはステーキなどもいただいているので、スタミナ切れすることはありません。

昼食は社員食堂がほとんどですが、時にはひとりでイタリアンレストランでシャンパンを飲みながらゆっくりと過ごすことも。席はきまって窓際。シャンパングラスをお日さまに傾けてキラキラさせながら、贅沢な時間を堪能するんです。お決まりの、「そんなことをしている自分が好き」っていう自己満足です（笑）。

仕事が詰まっていると、夕食にありつけないこともしばしばですが、時間があれば自炊で手軽に作れる料理を楽しんでいます。欲張りな性格からか、おかずの種類が多くないと満足できない。外食だと頼みすぎちゃうし、栄養バランスを考えても自分で作るほうが納得した食事をとれますよね。主食は控えめに、きのこやお芋など、食べ応えのある野菜を使うことが多いです。

逆に、週末、ホームパーティーなど誰かのために料理をする時は、時間をかけてコトコト煮込むようなものが好き。母直伝のビーフシチューは、飴色になるまで1時間ほど慎重に炒めたたまねぎの甘みと、すね肉の柔らかさがポイントです。そのままだと嚙み切れないほど硬いのに、煮込めば煮込むほど柔らかくなる。愛情をかけた分だけ返してくれるすね肉を、恋人のように思いながら作っています（笑）。

究極の一皿は、料理上手な母の味で

好きな食べ物を並べてみると、たまごかけご飯、ホルモン焼き、レバ刺し、……基本的に「とろっ」「ぷるっ」という食感がポイントです。ケーキならババロア、和菓子なら水羊羹、魚なら煮凝《にこご》り。とことんです（笑）。

でも、人生最期に食べる一皿を選ぶなら、母の作る「鶏にら雑炊」。小さい頃から体調を崩すと作ってくれたのですが、食欲がなかったことを忘れてしまうくらい美味しい。今では私の得意料理です。人に作ってあげると必ず喜ばれるので、皆さんにもレシピをご紹介！

鶏ガラでとったスープ（鶏ガラスープの素でもOK）に、少し洗って粘りをとったごはんと一口大に切った鶏肉を入れ、グツグツと煮て塩&胡椒をします。その上に溶きたまごを流し入れて、粗みじんに切ったにらを1把分たっぷり入れ、蓋《ふた》をして火を止めたら出来上がり。簡単でしょ。仕上げにごま油をまわしかけて食べてくださいね。体調不良の時はもちろん、お鍋のシメにもおすすめですよ。我が家の味が皆さんの食卓に上がったら本当に幸せです。

味の好みって育った家庭によって違いますよね。我が家の煮物は少し甘め、高級な和食店のような控えめなお味ではないですが、白いごはんが食べたくなるような温かい味。なので、結婚相手は甘い煮物が好きな方だといいなぁ。

自分が家庭を持ったらチャレンジしたいのがお漬物。家庭菜園で育てている野菜が実ったら、今のうちから挑戦してみようかな。誰か私にぬか床分けてくださーい！

（2009年9月号）

食べることが好きな私は、作ることも大好き

思い入れたっぷりレシピ♡公開

どんなに忙しくても、いえ忙しい時こそ料理をしたくなる。
きっと疲れたカラダが自分で作る味を求めているんだと思います。
私が今まで繰り返し作り続けてきたメニューの中から、特に思い入れのある4皿をご紹介。
連載エッセイにも簡単な作り方を載せましたが、ポイント解説も入れた完全版です!

Recipe. 1

風邪をひいたらコレが定番

あつあつ鶏にら雑炊

食欲がないなぁ。
風邪をひいたり、夏バテだったり、
カラダが弱っている時に、
母が必ず作ってくれたのが、この「鶏にら雑炊」。
作るのも簡単で、不思議とサラサラと食が進む、
疲れた時のお助け料理なのです。
飲んだあとのシメにもおすすめの一品です。

美味しくなれ!!

材料(3〜4人分)

鶏もも肉 ――― 1枚
にら ――― 1束
たまご ――― 2個
ごはん ――― お茶碗2杯分目安
しょうが ――― 適量
日本酒、塩、胡椒
ごま油、中華スープの素

作り方

1.

土鍋に水を張り、火にかける。すぐに日本酒、中華スープの素、塩、胡椒を入れる。

2.

沸騰したら、一口大に切った鶏肉を入れ、灰汁《あく》をとりながら味をととのえ、ごはんを入れる。

Point

風邪の時や食欲のない時などは、鶏肉を小さめに切ると食べやすくなる。

3.

すぐに、1センチぐらいに切ったにらを入れ、1分ほど火を通す。

Point

にらの風味と食感を残したいので、最後ににらを入れたら、あまりグツグツしない。

4.

溶きたまごを入れたら、すぐに蓋をし、火を止める。余熱で火を入れることで、たまごがとろーり。

5.

ごま油をまわし入れて出来上がり。

Point

お好みで、しょうがを入れるとカラダが温まります。

Recipe. 2

母から受け継いだ味

高島家のビーフシチュー

今日は1日お休み!
そんな時に作りたくなるのが、
じっくり煮込んだビーフシチュー。
時間と愛情をかければかけるほど
どんどんと柔らかくなっていくすね肉。
読書をしながら、ゆっくりと鍋をまわす。
何とも言えない贅沢な時間です。
作ってみて初めて分かる、
愛の詰まったお料理です。

材料（4人分）

牛すね肉 ――― 800g
たまねぎ ――― 2個
セロリ ――― 1本
固形スープの素 ――― 2個
にんじん ――― 1本
にんにく ――― 1かけら
赤ワイン ――― カップ1
じゃがいも ――― 適量
クレソン ――― 適量
パセリ ――― 少量
小麦粉 ――― 大さじ5
バター ――― 大さじ4、小さじ1
トマトピューレ ――― 大さじ1
ウスターソース ――― 大さじ1
トマトケチャップ ――― 大さじ1
塩、胡椒、砂糖、サラダ油

ネックレス／page sargisson（ラ・フェリア カスタマーインフォメーションサービス）

作り方

1.

牛肉は大きめにカットし、かるく塩&胡椒をふる。

2.

少し時間をおいてから小麦粉（分量外）をまぶし、サラダ油（少量）でしっかり焼き色をつけて、煮込み鍋に移す。

3.

水を鍋の8分目まで入れて、火にかける（出来上がりはこの半量ぐらいになる）。

4.

たまねぎはスライスし、にんにくはみじん切りに。フライパンにサラダ油（少量）を入れて焦げないように、しっかり焦げ茶色になるまで炒める。

5.

同時に、バター（大さじ4）＋小麦粉（大さじ5）を弱火でゆっくりと、焦げ茶になるまで炒めてブラウンソースをつくる。

Point

フライパンをふたつ使い、片方でたまねぎとにんにく、片方でブラウンソースを同時に作っていく。炒め時間の目安は40分くらい。たまねぎと小麦粉の褐色がシチューの基本の色になるので、しっかりと丁寧に炒める。焦がさないように注意!!

たまねぎ+にんにく

→ この色になるまで!

バター＋小麦粉

→ この色になるまで!

6.

3.の鍋に、固形スープ、セロリのみじん切り、にんじん（1/2本を小口切りに）を入れる。こまめに灰汁をとりながら煮込む。

Point

水が少なくなり過ぎないように、水を足しながら煮込む。すね肉は煮込めば煮込むほど柔らかくなる！ 時間と愛情をたっぷりかけて♥

7.

2〜3時間煮込んだ後、肉を一度取り出し、スープをざるで濾《こ》す。

8.

濾したスープに肉をもどし、赤ワインを加え、コトコトとさらに煮込む。時間のある限り……。

9.

5.のブラウンソースに7.の煮込み鍋のスープ（適量）を注ぎ、ソースをなめらかにしてから、8.の鍋に加える。

10.

仕上げにトマトピューレ、ケチャップ、ウスターソース、塩&胡椒で味をととのえる。クレソンで彩りをそえて。

Point

お肉と、ブラウンソースが勝負なので、余計な具材は入れません。お野菜は付け合せで。

付け合せ

● じゃがいもは程よい大きさで茹で、こふきいもにして塩&胡椒とパセリをまぶす。

● にんじん（残りの 1/2 本）も程よい大きさにカットし、小鍋にひたひたの水、コンソメ（少量）、砂糖（大さじ1）、バター（小さじ1）とともに火にかけ、グラッセにする。

Recipe. 3

食べ過ぎた翌日は出番です

ほっこり豆腐の白《しら》和《あ》え

小さい頃は嫌いだったのに、
今では大好きになった白和え。
ちょっと体重が増えた時は、
お肉を控えて、お豆腐で調整！
あっさりしたお豆腐と
コクのあるごまの香りに、
一丁分のお豆腐をぺろりと
食べてしまいます。

材料（2人分）

木綿豆腐	1丁
にんじん	½本
こんにゃく	150g
白ごま	5g
いんげん	適量

砂糖、塩、薄口醤油、だし、みりん

作り方

1.
豆腐は湯通し、あるいはレンジで熱を通したあと重石《おもし》をして水分をとる。

Point

水っぽくならないように、水をよ～くきる。すり鉢がなければ、フードプロセッサーでもOK。

なめらかな白和えにしたい場合は、絹ごし豆腐を使って。

2.
細切りにしたにんじんとこんにゃくを小鍋に入れて、砂糖、薄口醤油、だし、みりんで煮含めて、ザルにあげておく。

3.
すり鉢に白ごまを入れて、粒を少し残す感じですりおろす。水けをしっかり布きんで絞った豆腐をそこに入れる。

4.
よく混ぜたら煮含めたにんじん、こんにゃくを入れ、塩、砂糖などで味をととのえる。

5.
茹でたいんげんを斜めに切って4.に混ぜる。

Point

柿、しめじ、春菊、ほうれんそうなど、具材のアレンジも楽しんで。

Recipe. 4

常備しておきたい健康食

旨《うま》み凝縮ひじきの煮物

材料（4人分）

乾燥芽ひじき ——— 50g	れんこん ——— 適量
にんじん ——— ½本	小ちくわ ——— 1本
油揚げ ——— 1枚	砂糖、醤油、みりん、ごま油、だしの素
長ねぎ ——— 適量	

最近、外食が続いたなぁ……という時は、この具だくさんのひじきの煮物をプラスするだけで、栄養のバランスがしっかりとれるという、優れたひと品。なんといっても、驚くほどたっぷり入れる「れんこん」が、美味しさの秘訣です。

作り方

1.

乾燥芽ひじきは水でもどし、30分ほどでザルにあげておく。

2.

長ねぎは小口切り、にんじんはひじきに合わせた細切り、油揚げ、ちくわも細切りに。れんこんは程よく形を合わせ、薄めのいちょう切りにして水にさらす。

3.

鍋にごま油を入れて熱し、ひじき、れんこん、長ねぎ以外をいっきに入れて炒める。

4.

軽く火が通ったら水をきったひじきを入れ、味付けをする。砂糖、みりん、だしの素、醤油を入れ、しんなりするまで炒め煮する。

Point

水は入れず、ひじきの水分と、野菜の水分と、調味料で炒め煮にする。すると、旨みが凝縮します。

水分をとばす要領でまぜるので、最初は味を控えめに。

5.

仕上がりの2〜3分前に、水をきったれんこんと長ねぎを入れる。ここで、再度味を確認して調整する。味がなじみ、長ねぎがしんなりしたら火を止める。

Point

炒めすぎないこと、出来上がっても鍋に蓋をしないことがしゃきしゃき感を残すコツ。そして、たくさん作って、残ったらお豆腐ハンバーグの具として使うのもおすすめです！

今思う、
女の友情の大切さ、
育み方

Essay 05

秋は自分を見つめなおす季節

夏の熱が冷めて、お尻にクッキリとできた水着の跡に後悔し始めると、本格的な秋の到来を感じます。そして秋が始まると、特番収録の予定で手帳が真っ黒になり、そうこうしているとクリスマスが来て、年末のお祭りのような忙しさに追われているうちに今年も終わるなぁ……なんて、気の早いことを考えてしまうんです。

余談ですが、30歳を超えて「紫外線はお肌の敵」と分かってはいても、海を見ると海と一体になりたい！　という衝動を抑えられず、泳いで潜って焼いてしまう私。毎年後悔するのに、それでも惹かれる魅力が青く広い海にはあるんですよね。あぁ沖縄が恋しい……。

さて、今年も終わりだな……と考え始めると、何もできなかった自分に気付いて焦り始めることってありませんか？　何も身についていないような不安感や、目に見える成果のない焦燥感に心がざわつくこと。厳密には、何もできていないことなんてありえないし、ひとつひとつの仕事に愛をもって丁寧に向き合って、それを積み重ねている充実感もあるはずなのに、なぜだか焦ってしまう。裏を返せば「成長したい」という気持ちの表れだとは思うけれど……。ホントのところは、仕事だけではなくて、恋愛でも何か変化が欲しくなる年頃だからでしょうか？

女の友情はゆるいルールで

そんな時に会いたくなるのが学生時代からの友人「成蹊八人衆」。大学入学時から13年の付き合いで、8人のお誕生日会はもちろん、バーベキューやクリスマス、秋には温泉旅行と、恒例行事を毎年続けている仲間です。とにかく何も考えずに一緒にいられるし、もう隠すことがないくらいに知っているから素の自分でいられる。「フジテレビアナウンサーの高島彩」ではなくて「タカシマアヤ」でいられるこの空間は、私にとって自分を取り戻せる場所でもあるんです。

でも、必要な存在であっても、女の友情を育むには「縛らない」ことも大切ですよね。会合に参加できなくてもとがめない、連れてきたければ彼氏もどうぞという広い門戸、久しぶりに参加してもずっと居たような感覚を持てる空気作り。ゆる～く、ゆる～く、は実は大切なルールのような気がします。

もうひとつ、私の友情のバロメーターは「裸の付き合い」ができるかどうか。この年になると、新しく出会った人と温泉に行くのって、なんてことないフリをしながら意外と緊張するもの。だからこそ、体の変化まで分かってしまう友達はとても大切なのです。今からでも、裸で付き合える、そんな友達に出会えたら嬉しいですね。

それから、相手のためを思ったら多少の言い合いになっても、言うべきことを伝えることも大切です。以前、「そんなに仕事ばっかりして何が楽しいの?」ってストレートに言われたことがあって、仕事しか見えていなかった私は「何でそんなこと言うんだろう」って真剣に落ち込んだんです。でも、仕事のどういうところが楽しいかを考えるきっかけになったし、視野が狭くなっていた自分にも気付けたし、今思うと、すごくいい機会だったんです。

ただ、アドバイスをする時にいつも思い出す言葉があるんです。「正しいことを言うときは少しひかえめにするほうがいい、相手を傷つけやすいものだと気付いているほうがいい」(吉野弘さんの祝婚歌の一節です)。だから、感情まかせには言わないようにしています。

でも、こんなふうに思えるようになったのって、実はつい最近。仕事に恋愛に夢中で、ついついなおざりにしてしまっていた女の友情。ほうっておいても壊れないからこその甘えもあった気がします。

ここからまた、10年20年と育み、50歳になっても子連れで集まれる仲間でいたいですね。

(2009年10月号)

アンダルシアが教えてくれたこと

Essay 06

旅の条件は「輝く太陽」

下半期の思い出といえばなんといっても夏休み。今年も9月に夏休みをいただいたので、今回は国外逃亡のお話を……。今年の条件はただひとつ〝太陽が輝いていること〟。

午前2時半に起きて朝日を浴びずにスタジオに入る毎日で、どうもエネルギーが低下している気がして……だから〝太陽のエネルギーを貰いたい〟というのが今回の旅の目的。ニューカレドニアのイルデパン島の夕日もいいし、イースター島でモアイ像と並んで見る朝日もいいし、ガラパゴス諸島の海中から見る太陽の光もいいし……なんて、世界中に溢れる魅力的な場所に惑わされてなかなか決められなかった目的地。そんな時に私の心を動かしたのが、久しぶりに会った知人のひと言でした。「私スペイン人と結婚するの。今スペインに住んでるからいつでも遊びに来てね」

んー！ 最高のタイミング！ 太陽の国スペイン、しかも憧れのアンダルシア地方に住んでいると聞いて即決！ すぐにスペイン行きの航空券を手配し、ネットでホテルを予約、せっかくだからパラドールに泊まりたいし、アルハンブラ宮殿にも行きたい、でもバルセロナでガウディの建築にも触れたい！ と私の欲求をギュッと詰め込んだプランが出来上がったのでした。

偶然？　必然？　不思議な体験

アンダルシアの中でもお気に入りは、白い村として有名なミハス。青い空を強調するように白い壁の家が建ち並び、真っ赤なブーゲンビリアがその白を引き立たせる。迷路のように入り組んだ路地からはナッツの甘い香り。街角で売られるレモンの搾り汁のパッケージの可愛いこと！ 目に映るもの全てがキュートで一目惚れの連続でした。さらに石畳の階段を上ると、小さな闘牛場の向かいの教会から賛美歌が聞こえてきて……そこでふと1カ月前の出来事を思い出したんです。

スペイン行きを公言していない私に、ある占い師さんが言った言葉。「真っ白な家が建ち並ぶ場所にいるあなたの姿が見える」「きっと天使がいる場所があるから絶対そこに行って。あなたは今、心も体も決壊寸前よ」——そんな言葉を思い出しながら、賛美歌に誘われて教会の中に足を踏み入れると、突然、心の芯を温かい手で撫《な》でられたような感覚と同時に涙がこぼれてきたんです。詰まっていたものが流れ出るように。何に導かれたのかは分かりませんが、現地の方に聞くと年に一度のマリア様のお祭りだったそうです。この日にミハスにいた偶然に驚き、パンク寸前の心を解放してくれたミハスの地にとても感謝しました。この不思議な体験は忘れることができません。

ところで、今回の旅でよく使った言葉は「グラシアス」と「セルベッサ」。セルベッサとはビールのこと。マラガの街では水よりも安いんです。少し薄味だから飲み口も軽くグイッといけて、ジリジリと焼けて火照《ほて》った体を冷ますにはもってこい。地中海を眺めながら飲むビールはもちろん最高だけど、私の一番のおすすめポイントは「アルハンブラ宮殿の要塞アルカサバの入口広場」。世界遺産の中で城壁に囲まれて空を仰ぎながら飲むビールは格別。しかも席もないのに冷えたグラスで出してくれるところが粋なんです。ベラの塔からグラナダの街を眺めた後は絶対試してくださいね。

その他にも、マルベージャの海沿いの海鮮料理は最高だし、マラガの路地裏にあるテテスでカテドラルを背に飲むお茶も、バルセロナのサンジョセップ市場の活気も、夜9時でも沈まない太陽の力強さも、シエスタに妻に会いに帰る男性の情熱も、まだまだお話ししたいことが山ほどあるのに、この連載スペースでは紹介しきれないんです（涙）。

でも、絶対また来ることを誓うほど魅力的だったスペイン。生きることに無理をしない楽しむ心とちょっとしたいい加減さを、太陽の光とともに私の中に吸収してきました。今度はジブラルタル海峡を渡ってモロッコまで足をのばす旅を既に妄想しています。

（2009年12月号）

冬は幸せを運ぶ季節

Essay 07

冬の似合う女性に

女子度が上がる大好きな季節がやってきました。ちょっとお高いクリームを躊躇《ちゅうちょ》なく使える贅沢な季節。パックは2日に一度のペース。といっても、こちらはウォン安を利用した韓国旅行でまとめ買いした1枚80円のパック。安いと思って侮るなかれ！ しっとり仕上がるコラーゲンパックは乾燥肌の私の味方。いろいろと使い比べましたが、高いパックを10日に一度使うより効果が高いと実感しています。

スキンケアを楽しみ、鞄の中のモコモコアイテムを増殖させ、クリスマスの妄想をする。早くも冬を満喫しています。

冬が一番好きな理由。それは、人間の感度が高くなるから。寒さも、暖かさも、ありがたみも、悲しみも、幸せも、肌と心でビンビンと感じられる。1年で一番ココアが美味しいのも冬だし、カシミアのセーターが恋しかったり、抱きしめて欲しくなったり、ビーフシチューを煮込む小さな音にときめいたり、誰かを喜ばせたくなったり、雪が降ったらあの人に知らせようって考えたり……少し大袈裟だけど、生きていることを強く実感できる季節だから、冬が大好きなんです。そして冬生まれの私は、草木が芽吹くその時をじっと待つ、冬の忍耐強さへの憧れもあったりして、冬の似合う女性になりたいな、なんて思っています。

クリスマス・ロマンチスト宣言

誰かを幸せにしたいという思いが街中に溢れて、子供も大人もキラキラと輝くクリスマスは、冬の中でも特別な時間。今年はどんな飾りつけをしようかと考えるだけで1日中幸せな気持ちで過ごせます。

クリスマスだけは胸を張ってロマンチスト宣言ができるところもアラサー女性には嬉しいですよね。自分の気持ちに素直に、寂しい冬も幸せな冬も全力でクリスマスを楽しんでいます。

お料理のアレンジを考えたり、部屋を飾りつけたり、キャンドルに一工夫したり、上手くできないけどプレゼントのラッピングを自分でするのも楽しいですよね。全部はできなくても、ひとつくらい手作りのものがあると、ぐっと温かみが増す気がします。

ちなみに今年は「白雪姫」をテーマに準備をする予定。森の奥の小屋の温かい雰囲気で飾りつけをしたり、りんごをくりぬいてキャンドルを作ったり……何よりこうやって想像する時間が幸せです。

クリスマスが近づくと毎年思い出すことがあります。——小学4年生の冬。

「世界にはまだサンタさんのプレゼントを貰っていない子供がいるから、〝もう私はプレゼントはいりません。他の国の子供たちにあげてください〟ってサンタさんにお手紙を書かなきゃね」と母に言われ、私はサンタさんに手紙を書きました。大きなウサギのぬいぐるみをお願いしようと決めていたので、本当はとてもショックでした。

とはいえどこかで期待していた私は、クリスマス当日、目が覚めてすぐに枕元を探しました。ベッドの脇も、ハンガーラックの下も……プレゼントはありませんでした。サンタさんが部屋を間違えたのかと思い、兄の部屋、居間のソファーの裏、お風呂場の浴槽の中まで、母にみつからないように、こっそり、こっそり探しました。——でもプレゼントはありませんでした。それからは、母がサンタさんの代わりにプレゼントをくれるようになりましたが、その時の寂しい気持ちが今でも心の中をふとよぎることがあります。

でも、私の中のサンタさんはその時のまま止まっています。手紙が届いてサンタさんが来なくなったんだから、サンタさんは絶対にいるって、今でも信じているんです。そして「あなたがお母さんになったらサンタさんに会えるわよ」と言った母の言葉を信じています。

サンタさん、いつ会えますか?

（2010年1月号）

2010年、自分を知り挑戦の日々へ

Essay 08

見つけた、自分の癒し方

「パワースポット」。ブームが落ち着いた今なお、雑誌の表紙などでこの文字を見ると思わず手に取りページをめくってしまう、魅惑の言葉。体に纏《まと》わりついている不安感を自分の力だけでは拭い去れない、あぁ……未熟者な私。

思い返せば2009年も「意外とお休みあったのね」と思えるほどいろいろなパワースポットに赴きました。神社仏閣はもちろん、その土地自体の持っている力に魂が癒されたり、旅先で出会った人の心に触れて刺激を受けたり。思いつきで行く旅だから、しっくりと気の合う土地に出合ったりすると、そのこと自体がとても嬉しく感じられます。

行き先は様々。その時々の心の在り方によって訪れる場所も変わってきます。何に悩んでいるのか分からないような、もやもやする気持ちに襲われた時などは、水に流す意味も込めて箱根の温泉へ。お決まりは箱根神社に寄っておみくじを引くこと。裏側に書いてある御言葉が自分でも掴めない現状を上手く言い表してくれるので、靄《もや》が晴れてスッキリするんです。

「私にできることがあるのかな」「私が伝えられることってなんだろう」。アナウンサーとして言葉を届ける自信がなくなった時などは、沖縄の浜《はま》比《ひ》嘉《が》島へ。光あふれる海に架かる橋を越えると現れる、ゴツゴツとした岩場とうっそうとした緑。それだけでも「パワーありそう!」と期待が高まります。初めて訪れた3年前から島での過ごし方は決まっていて、島のおばぁに会いに行き、手を握ってゆっくりと話をする。昔ながらの言葉でところどころ分からないこともあるけれど、おばぁの伝えようとする心に触れること、それ自体に意味があると感じます。そして琉球開祖シルミチューとアマミチューのお墓をお参りして生み出すエネルギーをもらい、気が早いけれど、いつかは……と思いながら子授かりのお願いまでしちゃう(笑)。あとは青く澄んだ空と海にはさまれてゆっくりと過ごし、豚足を頬張ってコラーゲンを補充すればリセット完了。

何を咲かせよう

2009年はじっくりと土を耕すような年でした。自分の弱さと向き合ったり、悩んだ時の自分なりの解決法を探ったりと、自分自身と対話する時間を多く持って。そういうことって調子のいい時には思いが及ばないから、いい機会でした。

悩みだすと、悩んでいることに酔ってしまって悲しみスパイラルから抜け出せなくなる。眠れなくなると、眠れないことに焦って悪循環になる。そんな癖があることに気付いてからは、思考の海に溺れないように、どうしたいのかという目的地を決めて、対岸まで泳ぎきる覚悟で悩みだすようになりました。逆に言えば、対岸に渡る自信がない時は悩まない。思いつきの「パワースポット巡り」も、考えすぎないようにする私なりの解決法です。テニス部を作って活動を始めたこともプラスでした。体を思いっきり動かして、考える時間が無くなるくらいに疲れて眠りにつくのも、悩み癖のある人にはオススメですよ。そして、何よりGINGERの連載を始められたことは自分自身を知る素晴らしい機会でした。書くことで自分の中身を知り「高島彩」という人間と向き合える。今までにない表現方法を学ぶことにも繋がりました。

2009年に耕した土地にはどんな芽が出るのでしょうか?　自分の癒し方を知った分、2010年は失敗を恐れずに自分のできることを探していきたい。この連載のように「書くこと」にも貪欲に挑戦したいし、本格的な菜園も始めたい。内臓からキレイになれるお料理も勉強したいし、まだ知らない出逢いから生まれるものもきっとある。だから、期待を持って挑戦の日々を送りたいのです。

私の頑張りが誰かの幸せに繋がりますように。この思いを大切に、見たこともない花を咲かせたいです。そろそろ動きださなきゃ!　やっと大殺界を抜けるんですもの(笑)。

(2010年2月号)

旅する時間が心を豊かにしてくれる

旅時間のMyスタイル、Myルール

食べて、笑って、歩きまわって。旅が与えてくれる全てが好きです。

城下町の風情を色濃く残すひがし茶屋街を散策。町家の紅柄格子の前で。

2011年晩秋、ずっと行きたかった金沢を訪問。
美しい街の風情と穏やかな空気感に魅せられ、
そして北陸ならではの食を堪能しました——。

灯りがともり始める夕暮れ時。まるで江戸時代にタイムスリップしたかのようなひがし茶屋街を歩く。

“旅先選びの条件は、文化と歴史を感じる街、雄大な自然、美しい海、そして、美味しいものと美味しいお酒がある場所”

忙しい時ほど旅に出たくなります。カラカラの植木と同じで「お水が欲しい〜！」という気持ちになると旅に出る。少し時間に余裕がある昨今は、発作的に旅立つということはなくなりましたけど（笑）。行きたい場所はたくさん。南欧、アフリカ……。独特の文化や歴史があって、美しい海があって、美味しい食べ物とお酒があるところ。そして、どこか日本に似ているところ。やっぱり私、基本的に日本が大好きなんですね。

時間を気にせず、先を急がず。旅ならではの自由時間。

“予定は決めておく。でも、その時々の直感＝自分の嗅覚を最優先”

“まとめたがり屋”の私としては、旅に行く前にも、旅の予定を1枚の紙に書いてまとめます。でも、全然、その通りにならなくていいんです。たとえば、歩いていて、予定していたお店よりも美味しそうなところを見つけたら、そこに入ったり。なぜでしょう、自分の嗅覚を意外と信頼しているんですよね。旅は計画を立てる時間も楽しみのひとつだけど、その瞬間瞬間の、行きあたりばったりみたいな感じも楽しみたいのです。

ロングカーディガン／ペニーブラック（三喜商事） ワンピース／Theory ピアス／ヴィヴ&イングリッド、ネックレス／ロベルタ・チャレラ（ともにHands of the World） バッグ／ケイト・スペード ニューヨーク（kate spade japan） パンプス／ブティックオーサキインターナショナル

ふとした出会いに和んだり。それも旅の楽しさ。

藩政時代、加賀藩の武士たちが住まいを構えていた
長町武家屋敷跡。美しい土塀と石畳が続いています。

街歩きも
身軽が一番！

“旅の荷物は必要最低限”

みんなに「え、それだけ?」と驚かれるぐらい旅の荷物は少ないです。服も本当に必要な分だけ。行き先が特に不便な場所でない限りは、「パスポートさえ持っていれば大丈夫」という気持ちなので、よりコンパクトです。でも、そんな時でも顔用のパックだけは、必ず旅の日数×2コ、持って行きます。自分用と友だちにあげる用。ホテルでパックしながら他愛のないお喋りをしていると、それだけで“楽しい女子の時間”になる。そんな余裕のある時間が過ごせるのも、旅ならではですから。

“クチコミ情報で下調べを万全に。旅先でのやりたいことリストを作る！”

旅の情報を、インターネットのブログで集めることも多い私。その場所に行った人のブログを片っ端からチェックして、いいな！と思ったクチコミ情報をチョイスし、「やりたいことリスト」を作ります。それが定番。以前、友だち3人で韓国に行った時、はりきって綿密なリストを作ったことがありましたが、あまりにも過密スケジュールになりすぎて、「朝はもっと寝たいのに……」とクレームが……。ちょっと悪いことをしてしまいました（笑）。

茶房で休憩。お抹茶と加賀麩のお饅頭でほっこり。

ポンチョ、パンツ／ともにトゥエンティー エイト トゥエルヴ バイ エス・ミラー（ブルーベル・ジャパン ファッション事業本部）　チュニックブラウス／マックスアンドコー（マックスアンドコー ジャパン）　ピアス／MIZUKI　バッグ／アンテプリマ/ワイヤーバッグ（アンテプリマジャパン）

石川県沖で水揚げされる加能ガニ（ズワイガニ）を鍋でいただく。

“食事制限はナシ！”

なんといっても旅の醍醐味は、食。この金沢でも、コウバコガニ、寒ブリのかぶら寿司、お麩料理など、冬の金沢ならではの美味しいものをお腹いっぱいにいただきました。だから、旅の間は、食べる！　飲む！　その代わり、旅から帰ってきたら、翌日から24時間の断食をすることも。お酒もナシ、口にするのはお水だけ。2泊3日の金沢旅でも、実は1.5キロほど体重が増えたのですが、これでなんとかリカバリーすることができました。

いつもの3倍は
食べてるかも♪

“その土地の食材や調味料は必ずお持ち帰りする”

旅先の市場などで、地産の食材や調味料などを探します。金沢の旅でも家族のためにカニやお味噌などたくさん持ち帰りました。自分が食べた美味しい味を再現して、みんなにも味わってもらう、それも私の旅の楽しみのひとつ。だから器を見るのも大好きです。金沢のギャラリーでは、モダンな九谷焼や若手作家さんが作った器と出合いました。その土地の食材を、旅先で出合った味を思い出しながら料理して、その器に盛り付けます。そうすると旅を二度美味しく楽しめるのです。

金沢市民の台所、近江町市場にて。
海の幸をお買い物。

加賀麩 不室屋では生麩や細工麩、麩菓子を購入。

ニット、タンクトップ／ともにマックスアンドコー（マックスアンドコー ジャパン）　パンツ／イブルース（三喜商事）　ピアス／リナズ・ショップ、ネックレス／クリス・ネーションズ（ともにHands of the World）　ジャケット、ストール、ブーツ／私物

大正時代に架けられた浅野川大橋を背に記念撮影。美しいアーチ型が素敵。

“写真を撮ること、撮られることに積極的！”

旅先では自分のポートレートを撮ることに関しては、私、かなり積極的です（笑）。友だちとお互いに「ちょっと自分好きなモード」を全開にして、「あ、それ、可愛い！」などと褒め合いながら、表情やポーズにこだわってみたり。写真ってたくさん撮っても、結局、風景写真みたいなものは数枚でよかったりする。それよりも、その場所で自分たちが笑って写っている写真のほうが、見返した時により楽しめるし、思い出になるんですよね。

“緑の多い場所、パワースポットでココロとカラダの深呼吸”

仕事はアウトプット。旅はインプット。なので、旅先では、いい“気”が流れている場所を探してインプットしに行きます。それは緑豊かな場所だったり、パワースポットと呼ばれるところだったり。「めざましテレビ」を卒業した直後に行ったパリ&ロンドンの旅、あの時も、ロンドンの王立キューガーデンの樹々が私を癒してくれました。金沢の旅では、白山の澄んだ空気の中で思いきり深呼吸。私に優しく元気を与えてくれる素敵なパワースポットでした。

天空に向かってそびえる老杉。御神木に触れて、パワーを授かる。

鎮守の森の澄んだ空気に心洗われる。木々の美しい表参道にて。

パワースポット「白山比咩《しらやまひめ》神社」を訪ねて

古来より神々が棲む聖域として崇められてきた霊峰白山。その登拝者たちによって広まった白山への信仰。その白き神々の“まつりの庭”が白山本宮・加賀一の宮　白山比咩神社。清らかな気に満ちた神地は、パワースポットとしても有名です。●石川県白山市三宮町二 105-1

コート、ニット／ともにTheory　ピアス／クリス・ネーションズ（Hands of the World）　パンプス／ブティックオーサキインターナショナル　デニムパンツ、ネックレス／私物

未来と過去をつなぐ国

Essay 09

地球の未来

2009年12月、国連気候変動枠組条約第15回締約国会議（COP15）の取材でデンマーク、コペンハーゲンを訪れました。

待ったなしの状態である地球の未来のために、世界の国々がどう取り組むべきかを話し合う会議です。

国連の潘《パン》事務総長へのインタビューと、日本の子供たちの思いを届けるという役目は遂行できましたが、残念ながらCOP15自体は各国の主張がまとまらず、納得のいく結論には至りませんでした。でも、嘆いてばかりはいられません。日々温暖化は進み、水没の危機にある島や、絶滅が危惧される動物が存在します。今自分にできることは何かを真剣に考えたい。そう感じていました。

デンマークの環境意識の高さには驚かされました。特に、コペンハーゲンから車で西に2時間。さらにフェリーで2時間のところにあるサムソ島の人々の生活は衝撃的でした。まず私たちを出迎えてくれたのが、海に生えた大きな白い木。洋上にずらりと並んだ風力発電の風車です。「自分たちが使う電力は全て自分たちで作り出す」というルールの下、世界で唯一100パーセント自然エネルギーによる電力供給を可能にした島です。

ここで出会った人々の生活には、地球の未来へのヒントが隠されているようでした。太陽の光をエネルギーに変えるソーラーパネルの設置はもちろんのこと、土地の形状や環境を上手く利用し、マイ箸ならぬマイ風車を持って島の電力を作り出す人。菜種を育て自宅で油を搾り出す人など様々。

搾った油は食用油だけでなく、バイオ燃料としてディーゼル車の燃料にも使います。車の排気口が臭くなく、コロッケを揚げている油のような香りがして、思わず夢中になって嗅いでしまいました（笑）。この燃料が主流になれば島中がコロッケ屋さんの匂いだな。そんな幸せな妄想をしながら。

印象的だったのが、案内してくれた島民の方の誇らしげな表情です。「面白いだろ?」と微笑む目には、心から楽しんで取り組んでいるという満足感が漂っていました。私はお話を伺いながら、人として何を大切にして生きるべきかを考えていました。豊かさを勘違いしていた気がして。もちろん国のバックアップも必要だし、土地条件の良し悪しもある。すぐに実現するのは難しくても、地球に住むことに謙虚に、限りある資源を大切にし、アイデアを出し合い、誇りを持って楽しく生きる。そんな暮らしこそが、自分と地球の未来を豊かにするような気がするのです。これは私の中に生まれた新しい意識でした。今回の取材を通して、またひとつ大切な気持ちを持てたことに、今とても感謝しています。

あの日みた景色

それにしても、デンマークは女性のひとり旅にオススメの国です。「メルヘン」がそこら中に転がっていて、3歩進めばメルヘンにぶつかります。イルミネーションに彩られたチボリ公園などはもちろんのこと、街や自然の景色にも何度も心を奪われました。氷点下5度の中、思わず手袋を脱いでカメラのシャッターを切るほど。幼い頃に父が買ってくれた絵本の中の世界が、私の眼前にそのまま存在していて、瞬間にあの日の記憶が甦《よみがえ》り、夢の世界と現実がつながったんです。懐かしさと感動の中、さすがアンデルセンの生まれた国だな。なんて思わず感心していました(笑)。

積木のおもちゃのようなカラフルな街並みを歩きながら、アンデルセンのため息が混じったようなグレーの空を見上げる。景色だけでなく、小物や椅子もいちいち可愛くて、歩くほどに、北欧に移り住みたくなります。もしお姫様だったらこの小物を全部買い占めたいっ！　なんて、まったくエコじゃないことを考えてしまう私はまだまだ未熟者ですが……大人の皆さん、子供時代のあの日と今をつなげたいなら、デンマーク、一度は訪れる価値ありですよ。

(2010年3月号)

マクロビな生活、始めました

Essay 10

脱・肉食系

「肉断ち」と言ったら極端ですが、最近あんなに好きだった焼肉を食べていません。先日焼肉のお誘いをお断りしたら、〝大丈夫?〟〝何かあった?〟と、2日連続で心配メールをもらってしまい、ただの気持ちの変化だとは言いにくいので、この連載に書くことにします（笑）。週に1回はひとり焼肉、好きな食べ物は「レバ刺し」「ホルモン」と、肉食女子を公言してはばからなかった私ですが、この度、肉食女子を卒業する運びとなりました!

昨年末の特番収録ラッシュを迎えた頃、人知れず帯状疱疹を発症してしまい、これまでのように気持ちだけでは仕事を乗り越えられない状態に。さらに、体の不調がじわじわと心に染み出すのを感じて、自分の体を守ってあげられるのは自分自身。そう思うようになりました。

そこで、食生活の改善を思い立ち、まずは朝一番のお菓子をやめることからスタート。実は、7年間毎朝スナック菓子を一袋近く食べていた私。「めざましテレビ」の打ち合わせデスクには、チョコレートからスナック菓子まで、子供だったらお店屋さんごっこを始めちゃうくらい、ありとあらゆるお菓子が置かれています。それを欲求とは無関係に口に押し込みながら打ち合わせをするのが長年の習慣でした。

お菓子の代わりに発芽十六雑穀米をおにぎりにして持参してみると、明らかに体の調子が変わり始めました。こんなことで体が変わるなら、と面白くなり、気になっていた「マクロビオティック」の教室に週に一度通うことに。ご存知の方も多いと思いますが、マクロビオティックとは、簡単にいうと、玄米菜食を中心にバランスのとれた食事をし、自然と共存しながら心身ともに健康であることを目指す食事法です。難しく考えず、まずは体をキレイにしよう! と始めましたが、添加物を使わない調味料やオーガニック食材へのこだわりなどが私を刺激し、興味は深まる一方。まだマクロビ歴3カ月ですが、自分の体を作っている「食」にこだわる楽しさを知った今は、もっと知りたいという欲求と、未来への期待で艶やかな日々を過ごしています。

とはいえ、ストイックにやりきる自信がなく、「程よく取り組むのが長く続く秘訣!」という逃げ道のようなモットーを掲げ、会食などではお肉もちゃっかりいただきます。その分自炊では玄米、野菜、豆製品を中心にして、バランスをとって帳尻あわせ。ひと噛みごとにキレイになっていく実感。眠りも深くなったし、お肌の調子も良くて。気の持ちようかもしれないけれど、日々を充実させてくれていることは間違いありません。

やりたいことをできる幸せ

私の大好きな本のひとつに『こっこさんの台所』という、アーティストCoccoさんの飾らない想いと、言葉に寄り添うような優しい写真でまとめられたレシピ本があります。お料理を作る時以外でも、早く目覚めた日曜の朝などに、ページをめくりながら彼女の言葉を自分に刻みます。この本を読むと無性にお料理を作りたくなるんですよね。それも自分のためだけじゃなく、誰かのために。

「この手から　生まれたものが確かに届く
その瞬間　やっと救われます
この手で　誰かを満たすことができる
自分の体だって　満たすことができる
その安心感で　日々の無力感を埋めるように」

とても共感するCoccoさんの言葉。お料理へのスタンス。自分の手で人を幸せにできる喜びと満足感。美味しそうに食べる顔を見る幸福感。そして私の作った物がその人の体を作っているという責任感。そんなことを感じられるからこそ、素材にも調理にもグンと気合が入ります。自分の体のために始めた食の改善ですが、未来の旦那さまや子供の幸せに繋がりますように。そんな思いを込めて今日も玄米を炊いています。

久しぶりに「やりたいことをやっている」充実感に満たされていて、料理教室の日が待ち遠しい毎日。習い事を始めるのにぴったりのこの季節。未来に繋がる新しいこと、始めてみませんか?

（2010年4月号）

美脚は
一日にして成らず……

Essay 11

©Yoshihisa Marutani

生脚《なまあし》、出してますか？

お誕生日プレゼントにもらった、マイクロミニ丈の部屋着が最近のハマリモノ。ピンク×白の小花柄、タオル地のパーカとショートパンツは、31歳になった今、自分ではなかなか買えないアイテムですが、プレゼントなら別物。パンツの裾に付いたヒラヒラのフリルに負けまいと、半ば挑むように身に着けたのが始まりです。

「女の子はお尻を冷やしちゃダメよ」。子供の頃から、母が口をすっぱくして言い続けてきたこの言葉が、やけに身にしみる年になり、部屋着もパジャマもとにかく長袖長ズボン。基礎体温が高いほど健康的だと聞いてからは、靴下をはいたまま寝ることもしばしばで、ちょっと恥ずかしいけれど、マイ腹巻だって持っています。そんな私も、刺激された女子ゴコロと挑戦心にまかせて、マイクロミニのパンツに足を通してみました。

えっ。うそ。膝……。

衝撃！　くっきりとあるはずだった私の膝小僧が、ぼんやりと疲れた表情をみせているではありませんか。存在感が薄くなったというか……。と思ったら、今度は内腿のお肉がなくなっていることに気がつきました。お肉がなくなった＝細くなった、と言えばだいぶ聞こえは良いけれど、明らかに筋肉が衰えたことによる現象で、正直どこか物足りない感じです。

細いだけではダメ。少しの肉付きとくびれが必要！ と脚のラインにはちょっとしたこだわりがあった私ですが、いつのまにか、この有様。確かに最近、油断していた気がします。ストッキングとロングパンツに守られて、私の脚は完全に怠けモードに入っていました。あぁ。反省。

この事実に気付いたその日から、家の中では存分に脚を出し、ついでに乾燥肌対策にクリームをたっぷりつけて、膝まわりの入念なマッサージとエクササイズに勤《いそ》しんでいます。いつまで続くか心配ですが、めずらしく夏が来るのが待ち遠しい日々を過ごしています。

エクササイズは車内・社内

思い返せば、ミニスカートに紺のハイソ（ルーズソックスは一足お先に卒業！と得意気にはいていた紺色のハイソックス）で女子高校生を満喫していたあの頃、雑誌で見た「美人脚の法則」に近づくために、くるぶしとふくらはぎ、膝と内腿の一部——この4点がぴったりとくっつくように、キュッキュッと力を入れて電車の通学時間を過ごしていました。

電車の中というのは一番「脚」に目が行く空間で、向かい合わせに座った長椅子に並ぶ脚を見ながら、大袈裟だけれど、人生を思うのです。膝から下が真っ直ぐで、傷や虫刺されの痕ひとつないキレイな脚を見かけると、「大切に育てられたんだろうなぁ。正座など膝が曲がるような座り方はせず、夏は1時間おきに母親が虫除けスプレーを撒いてくれていたのかしら」などと想像が膨らみます。部活動に打ち込んだ青春の脚や、しなやかな脚、時には熟睡中の女の子の膝がゆっくりと開いていくのを、ハラハラと親のような気持ちで見ていることもあったりして。だからこそ、特に電車の中では脚に緊張感を持って過ごしている、つもり。今でも、足首が細くなると聞いて、電車やバスの中では、手すりにつかまってこっそりとつま先立ちで上下運動を繰り返したり、つま先立ちで階段を上ったりしています。

「めざましテレビ」のスポーツコーナーのCM中も、私にとっては大切なエクササイズタイム。スポーツ選手の努力や強い精神力に触れた後に、私の中に生まれる「鍛えたい」という気持ちを利用して、CMに入ると、おもむろに足上げ運動を始めます。CMのリズムに合わせた足上げタイム、なかなか快適です。

あまり続かなかったエクササイズも、こんなふうに数分、日常生活の中に組み込んでからは、2年以上続いています。いつだって、立ち姿の美しい女性でいたいですから。マクロビで内臓を整えつつ、骨格も整えておかなきゃね。

（2010年5月号）

好印象の心得

Essay 12

出会いの季節・緊張の季節

出会いの季節到来。春、いい出会い、ありましたか?　思わず自問自答。入社10年目を迎えた私は、仕事の充実とともに同じメンバーとのコミュニケーションが増え、それに加え自分のペースを守ろうと深い関わりを避けるところがあって、せっかくの出会いが形になることが、なかなかありません。「自分のペースを守る」――まるで年上の独身モテ男性の、結婚しない理由みたい……。ダメダメ、もったいない！ せっかくこの世に生まれてきたんだから、たくさんの人の人生に触れて、自分を見つめて、発見をくりかえしながら生きていきたい。そんなわけで、今年は時間を作ってお料理教室に行ったり、畑に野菜作りに行ったりと、自ら新しい場所に踏み出す機会を作っています。

でも、初めての場所って緊張しますよね。私は人前で話すことを生業《なりわい》としていますが、アナウンサーとは思えないくらい緊張することがあります。自己紹介や挨拶ひとつでも、自分の全てが決まるような強迫観念を覚えて、逃げ出したくなるんです。そんな時は自分自身を洗脳するに限ります。「私が緊張するはずないわ」と鼻でひと笑い。そう思い込むことで、その瞬間は不思議と自信が湧き、堂々としたオーラを醸し出せる。特に短い挨拶の場合はオーラを出したモン勝ち!　ちょっと裏技的だけれど、その雰囲気でちゃんとしたことを言っているように見せることができるんです。

印象論というと、最近では「メラビアンの法則」が有名ですよね。アメリカの心理学者アルバート・メラビアンが提唱した法則で、人の印象を決定づける際の要素は、「目からの情報」が55パーセント、「耳からの情報」が38パーセント、「言葉の内容」が7パーセントに分けられるというもの。つまり、93パーセントは、身だしなみや姿勢、話す時の表情や仕草、声のトーンやテンポなどで、「印象」が決まるということです。

そう考えると、それなりの雰囲気を作れば、キチンと話した印象を残せる気がしませんか?

心の温度＋α

インタビューを受けると、「話す時のコツはありますか?」と聞かれることがよくあるので、今回は参考になるか分かりませんが、私が人前で話す時に気をつけている3つのコトをご紹介します。

1：相手の顔を見て話す。

これは、1対1の時はもちろん1対100でも、全員の顔をゆっくりと見渡して話します。私はあなたに話しているんですよ、ということを顔の向きと表情で伝えます。ただ、目を直視すると、相手の視線をうけて逆に自分の緊張が高まることがあるので、数秒おきに視線を外したり、顔の辺りを見るほうがおすすめです。

©Keita Haginiwa

2：ゆっくり話す。

緊張して心拍数が上がると、自然と話すスピードも上がってきます。相手が理解する隙間なく話し続けると、聞く気が失せて伝わらなくなるので、できる限りゆっくり話すようにしています。伝わりやすくなるだけでなく、自分の気持ちが落ち着いたり、話しながら次に何を話すかを考えることもできるので、いいこと尽くめ。

ただ、ゆっくり話すことは意外と難しく、ニュースの原稿読みでも5秒速く読むのは簡単なのに、5秒ゆっくり読むのは技術がいる。だから時間を計りながらゆっくり話す練習をしておく必要がありそうです。

3：失敗しても大丈夫だと思う。

ちゃんとできるに越したことはないですが、失敗しても落ち込まない。完璧よりも少し抜けているほうが魅力的に思えることってありますよね。テレビのNG集などを見て嫌な気持ちになることってほとんどない。人間味を感じて可愛く思えたり、興味が湧いたり。だから、失敗しても、むしろ上手くいったと思っていいくらいです(笑)。もちろん、反省は必要ですけれど。

あとは「心の温度」。伝えたいという熱意は必ず誰かの心に引っかかりますから。なんて……皆さんに伝えながら、書きながら、改めて自分で気付いた話のコツ。もっと上手くコミュニケーションが取れるように私も精進しなければ。

(2010年6月号)

上海万博2010

Essay 13

THIS IS CHINA

人生でこんなに揉みくちゃになった日はありません。上海万博2010前夜祭。現地上海の街は異様な興奮に包まれていました。中華料理と汗と埃が入り混じったようなにおい、毛穴が埋まるようなベタッとした空気の中、1万発の花火を見ようと民族大移動のような人の流れが生まれました。どこに潜んでいたのか不思議なほどの人の波。人にぶつかりそうになりながら進む車。鳴り響く爆竹の音。警官の笛の音とクラクション。もはやトランス状態。

負けるな……私。

少しずつ気持ちが萎《しぼ》み、ついに花火を見ることを諦《あきら》めたその時、ビルの隙間から真っ赤な花火がかすかに見え、気付けば人ごみを掻《か》き分け走り出していました。私の中に潜む負けず嫌いが顔を出した瞬間でした。そういえば、前世に中国人だったことがあるそうで、これも魂の記憶かもしれません（笑）。

昼の上海は驚くほどに穏やかです。マンションの窓から突き出た物干竿、空を泳ぐ洗濯物。初めてなのに懐かしいような光景に心が和みます。目抜き通り南京路では、万博マスコットキャラクターのハイバオ君のぬいぐるみを抱えた子供や、ペアルックのカップルが嬉しそうに歩いていて、夜とはまた違った雰囲気。それにしても、中国人のカップルはとにかくラブラブ。歩きづらいだろう密着度で彼女の髪をかきあげる彼と、彼の腰を摑んで離さない彼女。ちょっと羨ましいな。なんて横目で見ながら、こんなところでも情熱的な国民性を感じました。

歩いて・感じて・食べて

万博会場内に入るとその広さに圧倒されます。史上最多246の国と機関が参加した上海万博の会場は、東京ドーム約70個分の広さ(ところで以前から思っていたのですが、東京ドーム何個分と言われても、いまいちピンときませんよね。ピンとこないほど広いですよ、ということなのかしら)。見てまわるだけでヘトヘトになりますが、各国の特徴が表れた建物を眺めるだけで、世界中を旅した気分になれます。私は「今年の夏休みに行く場所」という裏テーマを決めてパビリオンをまわりましたが、今まで旅行先として考えていなかったサウジアラビアやアフリカ諸国などもとても魅力的で、選択肢が増えてしまい、結局決められずじまいです。

普段は対立している国同士が、隣り合って穏やかにこの日を迎え、ひとつの空間に共存していることも万博の魅力ですよね。万博を一歩出たリアルな世界にも、こういう平和と調和に包まれた日が訪れるよう祈っています。

一方で、限られた数の入場券をめぐって、奪い合いの大混乱も起こりました。確かに「見たい」「欲しい」など欲求を満たそうとする時の中国人は、想像以上のパワーを発揮します。人口が多いからでしょうか、のんびりしていては生き残れないのかもしれません。この目的達成への意欲や闘志が、中国急成長の原動力のようにも感じました。とはいえ、混乱はほんの一部。平常時はとても穏やかで気持ちのいい空間なので、これから万博を訪れる方、ご安心くださいね。

忘れちゃいけない！ 上海を訪れたら是非食べて欲しいのが、「生《シェン》煎《チェン》」=焼き小籠包です。上海ではとても人気があり朝食など日常的にもよく食べられる飲茶だそう。コロコロと丸く、小さな肉まんのような形。カリッと香ばしく焼けた皮にはゴマとねぎがまぶしてあって、一口噛むと、中から肉汁が勢いよく飛び出してきます。もったいないので、そっと穴を開けて中を覗くと、溢れだす肉汁にうっとりするほど。ハードな取材を終えて帰国した今、思い出すのは中国館を背にして食べた、あの焼き小籠包です。

あっという間の滞在でしたが、十分すぎるほどに中国パワーを感じることができました。今の中国を肌で感じられる上海万博。行かれる方は、歩きやすい靴、日傘と帽子、それから強い心が必需品ですよ(笑)。お気をつけて。

(2010年7月号)

I LOVE 日本

Essay 14

根無し草のねっこ

上海万博の取材から帰国して、日本の良さを痛感する日々。安心・安全を意識せずに食事をいただけるのも、すれ違う人をよけるしなやかな肩の動きも、雨を落とす空を美しいと思えるのも、愛すべき日本の良いところです。

先日、五感をフル開放させて、日本の素晴らしさを体感してきました。向かった場所は新潟県小千谷《おぢや》市、自然豊かな、日本でも有数の米どころです。小千谷との出会いは、中越地震から復興を遂げた人々の姿を取材したのがきっかけでした。家も田んぼも全てが崩れ去ったところから、自然を尊重し、闘牛を愛し、力をあわせて、今の小千谷にまで復活させたのです。

力強く、明るい小千谷の皆さんは、よそ者の私をいつも温かく迎えてくれます。「ただいま」と言えば「おかえり」と返してくれるお母さん。根無し草の私にはそのひと言がとても嬉しく感じられます。ずっと「ふるさと」という響きに憧れていました。自然に囲まれて育つことも、地元の人との密接な人間関係も、郷土の味も、私にないものばかり。「故郷に帰ると人が集まっちゃって、サイン色紙が山積みで……」。大変そうに語る同僚を羨ましく思っていました。

「なんで、こんげ高え銭払ってまで、こんげ田舎に来てが?」

不思議そうに聞かれても、小千谷のみんなが受け入れてくれるだけで「ありがたい」のだから、返す言葉がみつからず、「田植えが楽しいですから」としか答えられませんでした。

瑞穂の国の田植え

瑞々しい緑に覆われた山からは春の息吹を感じ、家とスタジオの往復で渇ききった心と体に、始まりのエネルギーが染み渡ります。

ぐるりと山に囲まれた小さな田んぼには機械を入れることができないため、最近では珍しい手作業で行われるこの地の田植え。1年に一度し

かないこの日を、私は心待ちにしていました。田植え用の薄く軽い長靴（豊作くん）を履き、首にタオルを巻いて、苗かごを斜めがけ。苗のかたまりを手に、いざ、田んぼへ！

なんと言っても、田んぼに入る最初の一歩が気持ちいい！ お豆腐の白和えに指を刺したような感触で、長靴越しにも、ひんやりと纏わりつく泥の感触が伝わってきます。それを足全体で感じる気持ち良さは格別。できることなら裸足で入りたいくらいです。エステで泥パックが存在するくらいだから「お肌に良さそう！」なんて喜んでいたら、「荒れちゃうよー」とひと言。それとこれとは違うらしく（笑）、苗を掴みやすいように親指と人差し指の部分を切り取った、お手製の手袋を貸してくれました。

一定の間隔でまっすぐに植えるのが難しい手植えですが、そこは直感を頼りに、慎重且つ大胆に「美味しくなってね。ありがとう」と声を掛けながら１束ずつ植えていきます。いうなれば「水は答えを知っている」作戦（江本勝著の同名書籍より）。言霊《ことだま》の力を信じて、水に、苗に、思いのこもった声を掛けることで、必ず美味しいお米になってくれるはずです。

「ゲロロロロ」。親指大のかえるがこんなに大きな声で鳴くなんて知らなかった。そんなことに感動しながら、堆肥の混じった泥の匂いをかいでいると、閉じていた五感がぐいぐいと開いていきます。自分が自然に帰っていく感じ！

気付けばあっという間に田植えは終了。ご褒美に、採れたての山菜が待っていました。田んぼ脇の斜面で、ひょいと採ってきた「山たけのこ」を、虫除けのために焚いていた薪でそのまま焼いて、パクリ。味はもちろん、そのワイルドさに感動！ ビール片手に、ぜんまい・うど・木の芽などの伝統的な山菜料理をいただけば、至福の時間です。みんなでいただく田植え後の1杯が美味しいのなんの（笑）。今度は山菜料理を教えていただかなくちゃ！ 土に触れ自然の恵みをいただき、「生きている」を実感できた、感謝の尽きない1日でした。

次は稲刈り。黄金色に輝く田んぼを見るのが、今から楽しみです。

（2010年8月号）

田植えから6カ月が経ち・・・

幸福な稲刈りタイム 報告

春の田植えから時が過ぎ、いよいよ秋。元気に育った稲穂を刈るシーズン、私は再び新潟県小千谷市へ。楽しみに待っていた収穫作業に参加しました!

たわわに実った稲穂さん。感動です

張り切って頑張りまーす!

よいしょ よいしょ

見て〜 すごいよね〜♪

うーん、お日さまの匂い

トラックで運びます

こうやって束ねまして

干していきます

作業終了です!

記念に写真をパチリ!

よいしょ
よいしょ

明日、
腰が痛くなるかなぁ

え!? 休憩なし?

そーれ
そーれ

終わりました!!

はい、どうぞ

ハシゴ、
気を付けてくださいね

高いところまで
いったら
投げて渡す!

私ものぼってみたい

イエ～イ♪
うふふ

皆さん、
お疲れ様でした!

ふっくらと炊けた湯気の立ち上るつややかなごはん。それを口に運ぶ瞬間の幸福感。そんな日常の幸せを作ってくれているのが、この農作業です。何もなかった田んぼに植えた小さな苗が、雨の日も風の日も耐え抜いて、こーんなに豊かな稲穂に成長する。その稲の生命力をいただくのだから、稲刈りの作業も楽ではありません。翌日は、決まって太腿が筋肉痛だけれど、自分で植えて収穫したお米を口に運ぶ幸せは、何にも代えられません。そして、お米一粒も無駄にはできない。そんな当たり前のことを改めて教えてくれる稲刈りは、私のとても大切な時間です。大好きな小千谷の自然と人々には、感謝の気持ちでいっぱいです。ありがとう。

水と遊ぶ夏BODY

Essay 15

夏の準備できてますか？

「男子はちょっとぽっちゃりしているくらいが好きみたい」「摑んだ手に余る二の腕に母性を感じるらしいよ」

夏目前、女子トークは保身に走り始めました。紫陽花《あじさい》を愛で、水羊羹で涼をとり、「傘かしげ」で江戸しぐさを実践して梅雨を満喫。茅の輪をくぐって上半期の罪穢《けが》れを祓《はら》えば、本格的な夏の到来です。……でもお願い、ちょっと待って！　まだ準備ができてない！

夏休みを妄想する回数が日に5回というハイペースになって、水着姿の自分が脳裏をよぎると、突然焦りだしてしまいます。日焼け止めの量と反比例して小さく薄くなった夏服の生地からは、この1年リラックスしきったお肉たちが顔を出し、この際だからと姿見で後ろ姿を確認すると、明らかに油断した背中のお肉がにっこりと笑っています。ぷるぷるぷる（笑）。七福神の布袋さんのようなゆったりとしたライン。幸せそうではあるけれど、私にとっては不幸な出来事このうえない。毎朝テレビカメラに映っているのに、正面ショットがほとんどで、背中の緊張感に欠けていたのでしょう。もうこうなると後ろ姿を撮ってくれないカメラさんのせいにしてしまいそうです。

こうやって原稿を書いていると、また自堕落な自分への焦りが募り、おもわず手を止めて、ヨガマットを引っ張り出してしまいました。猫のポーズで考え、パソコンの前に座る。コブラのポーズでチェックして、またパソコンへ。こんなことなら春先から始めておけばよかった……。

自堕落を戒める時、向田邦子さんのあるエッセイを思い出します。

「独りを慎む」

ひとり暮らしを始めた向田さんが、フライパンからソーセージを直接食べたり、お風呂あがりに下着姿のままで歩き回ったり、誰も見ていないところでどんどんお行儀が悪くなっていく自分に気付く。これは精神の問題だと、誰も見ていなくても、独りでいても、慎むべきものは慎まないといけない、と思うのだけれど、やはり実行できない自分をまた戒める、というお話。

私のような「体の怠け」とは中身が違うけれど、他人の目の届かないひとりの時間に手を抜かない、という精神には共感し、反省させられるところが多くあります。そして、向田さんも実行できないと聞くからこそ、私もちゃんとしよう！と思うのです。

水着でGO

そんなわけで、ここ数年はどうも水着を着るのがはばかられる31歳。自意識過剰だけれど、仕事柄、この「布袋さんBODY」を誰かに見られている気がして恥ずかしいのです。

とはいえ、2年着ないと一生着られない！ と自分を脅し、無理をしてでも毎年どこかでひっそりと水着姿になっています。

ダイビングやシュノーケリングなど、船で海の沖へ出てしまうのが最も気楽な方法ですが、たとえば昨年の夏に訪れたスペインでは、地中海を前に水着でビール。トップレスの人やぽっこりお腹を突き出して歩くセニョリータに交じっていると、意外と堂々と振る舞えました。

恥ずかしがり屋の大人女子に最もオススメなのが、川遊び。屋久島などの水のキレイな川に潜ると、徐々に自分が清らかになるのが分かり、心が喜びます。魚と一緒に川を遡上したり、流れに乗ってウォータースライダー気分を楽しむ。まさに自然のアトラクションです。人目がないので水着のズレも何のその。ベタつくことも、足が砂にまみれることもありません。自分の殻を破って大胆に水と戯れることができますよ。

さあ、今日から1カ月修行モードに突入です。ウエストのくびれが確認できたら、新しいビキニを買い込んで、まずは自宅でファッションショー。勇気をつけたら、今年こそは夏の太陽を味方につけて砂浜を走り回ります！ と宣言したい……。

（2010年9月号）

©Momoko Katsuoka

彩りの日々

Essay 16

絵本がくれたもの

纏わりつく髪の毛、腰のくぼみににじむ汗。相変わらずじっとりと寝苦しい夜が続いていますが、皆さんいかがお過ごしですか?

1時間おきに目が覚める夜は辛いけれど、寝起きに汗がにじんでいると、なぜか色気を醸し出している気がして、意外と嬉しい朝を迎えられます。真夏の目覚めは色っぽく。ご存知ないと思いますが、「めざましテレビ」に向かう前の私は、実は色気満点なのです(笑)。皆さんにお目にかかるのが、汗と一緒に色気をさっぱり洗い流した姿なのが、残念でなりません……。

そんなわけで、エコロジーの観点からも夏場は冷房をつけずに、蒸し暑さを味わいながら眠るのが私流なのですが……いやいやどうして、今年の暑さはかなり手強い。おもわず冷房のスイッチをオンにして、気付けば夜中に冷凍庫を漁っておりました。

こんな蒸し暑い夜に決まって思い出すのが、子供の頃読んだ絵本に出てくるアイスクリーム。生い茂る木々の下、14頭のくまの親子が今にも溶け出しそうなアイスクリームを頬張っている1ページ。洋書ならではのカラフルな色使いがアイスクリームを夢のような美味しさに見せていました。

絵本はタイムマシーン。ふとした匂いや温度が絵本の世界とリンクして、幼い日を思い出させてくれます。いつでも大好きな時間や幸せの瞬間に連れて行ってくれる。ページをめくる指先の感触や紙の匂い、それだけで父の膝の上に座り、ガーゼの掛け布団の柔らかな感触とともに、母の読み聞かせの声が聞こえてくるのです。

忙しさに追われて、心から色が抜け落ちた夜にも絵本をパラリ。豊かな色彩をゆっくりと心に吸収して、穏やかな眠りにつくことができます。旅行する時間がなくても、プラセンタの点滴を打たなくても、癒しと潤いをゲットできる「絵本トリップ」、秋の夜長にお試しあーれ。

似合う色を味方につけて

素敵な色は日々を豊かにしてくれます。絵本が心に色を注ぐように、身の回りにも自分を魅力的に見せる色を置きたいのが女心。でも、それって一体何色なんでしょう?

先日クローゼットを開けて愕然としました。溢れかえった色とりどりの服は、着ていない服が2割、記憶にない服が1割という有様。このご時世にそんな無駄は仕分け対象No.1です。そこで、自分に似合う色を確認しようと思い立ち、以前から気になっていた「カラーコンサルティング」を受けに行くことに……。

これが実に面白い！　何十色もの布を次々と顔の下に当て、自分がキレイに見える色を探していくのですが、同じ赤でも、ほうれい線や目の下のクマがはっきりと目立つ色、隠してくれる色、顔全体がくすむ色、明るく見える色が一目瞭然、違うのです。手品のような変わりように、友達からも感嘆の声が上がるほど。オシャレさんに憧れて着ていた深みのあるアースカラーが、私をくすませていたとは……。自分を知るとはこのことです。

私のパーソナルカラーは、大きく分けると「SPRING」（=イエローベースの薄い色やパステルカラー、アクセサリーならゴールドやパールが似合うタイプ）。

そう言われたら、ちょっと遠慮していた淡いサーモンピンクも30代ならではの着こなしができるかも。と自信が湧いてきました。もちろん似合う色と憧れの色の違いをはっきりと認識したことで、服選びも小物選びも迷わなくなって、全てがスッキリ。受講料は少々お高めですが、これからの一生を考えたら安いくらい。日割りにしたら1.5円以下ですから（笑）。

今はまだ改造途中ですが、色を意識してインテリアも少しずつ変え、いるだけで幸せを感じられる空間作りを始めています。現在、気になる家具はいつでも測れるメジャー女子。彩りのある日々を送りたいですからね。名前負けしないように……。

（2010年10月号）

秋の夜長、
超スキンケア宣言

Essay 17

妄想の日々

うろこ雲が茜色に。やっと秋が近づいてきましたね。

そんなことを書き始めたら、ふと、今年の夏はまだ海を見ていないことを思い出し、慌ててトランクに水着をつめて沖縄に飛んできてしまいました。ただ今、天蓋つきのベッドに横たわりながらひとり原稿を書いています。窓の外は青い海……のはずが、台風の接近で大きく揺れる木々と大粒の雨の向こうに、ぼんやりと霞《かす》んだ海が広がっています……（苦笑）。これもまたよし！　海を楽しまない沖縄って特別ですよね。こんなふうに思い付きの衝動旅行をするのも、あと少し。きっと限られた時間の中でやりくりするから楽しいんです（笑）。

「めざましテレビ」卒業の日まで、カウントダウンが始まりました。家族のような「めざましテレビ」を離れる寂しさが募る一方で、7年半続いた不規則な生活からの解放を前に、妄想が膨らんでいます。

朝日を浴びて目を覚ますということ、追われない時間、長旅、夜の会食、もう1軒、長電話、ゆとりのバスタイム、恋人との夜中の喧嘩。確かめたいこと、やりたいことが溢れています。

いつの間にか目を腫らさずに泣けるようになって、悲しみと戦わずに眠りにつく方法も会得したけれど、思いっきり泣きじゃくる夜も過ごしてみたい。――それもこれも私のちょっとした憧れです（笑）。

運命の出会い

自分の肌を痛めつけてばかりだった日々に反省。この秋は、スキンケアにもたっぷり時間をかけましょう。

思い返せば、デジタル放送用の、毛穴が窒息しそうなファンデーションを長時間塗り込み続けながら、ザッと洗い流して、化粧水を叩きつけるだけのお手入れで十分だと思っていた20代。ダブル洗顔なんて面倒くさい！「メイクをしたまま寝てしまっても大丈夫」なんて、恥ずかしい怠惰ぶりを得意げに話していたこともありました。

それが、30歳を過ぎた頃から、じわじわとお肌の回復力の低下を実感し始めたんです。笑いジワによったファンデーションが戻らない。乾燥しているのにテカる。仮眠のシーツの跡がなかなか取れない……。ついに、意識を変える時がやってきました。

「洗顔って大切なんだ」

今更? ツッコミが聞こえてきそうですが、身をもって知るからこそ意味があるんです。収録が1時間あけば真っ先にメイクオフ! 社内ではすっぴんが基本で仮眠中もマスクで保湿。帰宅したら手を洗うのと同時にメイクオフ! 三十路の洗顔ライフが始まりました。

その賜物でしょうか、乾燥に悩まされることは少なくなり、スキンケアが楽しいものに変わってきました。そこで、もうワンステップ上へ! と1年以上気になっていたエステに初訪問。このエステ、皮膚科に併設されているというだけでポイントが高いのに、すっぴん美人さんがどんどんと吸い込まれていくんです。

感動が待っていました! 長年悩んでいた小鼻の黒ずみが、嘘みたいにキレイさっぱりなくなったんです。

「圧出」という技術で、銀色の小さなへらを使って、文字通り圧力をかけて汚れを出すのですが、本当に驚くくらいツルツルに! もっと早く来ればよかったと悔やむほど。ただ、無意識に涙がこぼれ落ちるほどの痛みが伴うので、次回からは覚悟が必要です。

家に帰ってからも感動は続きました。ドクター処方の「酵母エキスのローションパック」が肌を劇的に変えてくれました。初めて味わう凸凹のない滑らかな肌の感触。ずーっと触っていたくなるほど。肌質は遺伝子の問題だと諦めなくて良かった……心からそう思いました。

人生の節目に、運命の出会い。自分に合ったものを探すことを諦めてはいけないんですね。肌も好みも年齢とともに変化するし、運命の相手はいつ出会うか分からないですから。しばらくは、酵母エキスに夢中の日々が続きそうです。

(2010年11月号)

©Jun Imajo

新たな一歩を踏み出す時

Essay 18

卒業

10月最初の月曜日、携帯電話のアラームを解除して迎えた朝、体が痛くなるくらい寝ようと心に決めていたのに、午前3時、真っ暗な中で自然と目が覚めてしまいました。7年半、体に染み付いた感覚はなかなか抜けてはくれないようです。

「めざましテレビ」を卒業して、夜空を見てから眠りにつき、カーテンの隙間から漏れる太陽の光で目を覚ます日々がやってきたのに、まだ実感は薄くて、長い夏休みのよう……。

自分で別れを決めたのに、好きだったところばかりを思い出してしまう。恋人との別れみたいで、意外と未練がましい自分に笑ってしまいます。

「大好きだったんだなぁ」

1877回、「めざましテレビ」とともに過ごした7年半。ガッツだけはあった小生意気な新人をここまで育ててくれた皆さんに、心から感謝しています。たくさんの素敵な出会いに恵まれ、日本中の皆さんにお世話になり、支えてもらい、励まされ今日まで続けてこられました。本当にありがとうございました。

「めざましテレビ」最後の取材は、どこまでも繋がりを求めて……

鹿児島県トカラ列島最南端の有人島「宝島」。

キャプテンキッドが財宝を隠したという伝説もある、人口100人ほどの小さな島。高台に行けばどこからでも海が見える、空と海と太陽が近い島。商店はひとつ。十字路もひとつ。自動販売機はふたつ。信号機はなく医師もいない。小中学校の全校生徒は5人。遊び場も洋服を買うお店ももちろんない。私の想像をはるかに超えた生活がそこにはありました。

食料だって自給自足。その日にいただく分だけを漁に出てとる。足ることを知る生活。私も初めての漁に挑戦しましたが、今まで潜ったどの海よりも澄んでいて、どこまでも見える透明な青の世界が広がっていました。美しくて、だからこそ怖い海。潮の流れが激しく、台風のように右に左に体を揺さぶられ、岩にしがみついて耐えながら、海の厳しさを知りました。

それでも、魅力的な宝島の海。ただただ浮かんでいるだけで、固まっていた何かが溶け出していきました。心が解放されていくのを感じるのです。自然に生かされていることを実感する時間。漂いながら目に映る海の青と空の青、何百もの青が存在していて、神様の創った青はやっぱりスゴイ！　と、ひとり海の上で興奮状態。あまりに興奮してしまい、あんなにはまっていたスキンケアも忘れて、1時間以上も太陽と向き合ってしまうほど。心が軽やかになった分、お肌へのダメージはしっかりいただいてきました……。

素敵な出会いもありました。この島に住む中学3年生の優花ちゃん。宝島固有種のトカラ馬を育てていて、島の宝にしようと考えています。「宝島が大好き」。飾らない笑顔で島の魅力を伝えてくれます。自然の中でたくましく育ち、家族の愛を一身に受けて育った彼女の言葉には迷いがありませんでした。

大切なものを大切だと言える心。強さ。そうだ、言葉ってそういうものだった。自分の中から湧き出る言葉を大切にしよう。そう教えてくれたのは島で暮らすひとりの少女でした。

帰り際「今までで一番話しやすくて楽しかった」。そう言ってくれた嘘のない言葉が、疲れてしまった私の心に強く響きました。素直にとても嬉しかった。話を聞くこと。その声を伝えていくこと。やっぱりそれが私のやることなんだ、と思えたのです。少し疲れてしまった私だけど、自分のペースで、人の言葉を聞き続けていこう。そう心に決めたのです。

都会にあるものはなにもないけど、欲しいものは全てある。そんな島。「めざましテレビ」を卒業する最後の取材で宝島に出合えたことは、私の人生の宝物です。

次のステージへ。

何が待っているのでしょう。挑戦の日々に、今はとてもワクワクしています。

（2010年12月号）

ワインと音とスイーツと

Essay 19

身を肥やすパリ

カシミアの肌触りが恋しくなる頃、美味しいお酒と甘いものが恋しくなります。

先日訪れたパリにも一足早く秋の風が吹いていました。颯爽と歩くパリジェンヌに倣《なら》って、私も大きめショールとロングブーツに身を包み、ワインとフォアグラとチョコレート三昧の毎日。高級レストランでなく、オープンテラスのカジュアルなカフェでも間違いなく美味しいから困ってしまいます。ウェイトレスさんの腕に彫られた「堕天使」のタトゥの文字を横目に、濃厚なフォアグラにとろけ、赤ワインに浸かりながら過ごすパリ時間。あぁ、ダメになりそう……。小さな宝石、一粒のチョコレートは無条件に幸せな気持ちにしてくれます。「みんなでシェアするんでしょ？」ヘルメットを逆さにしたような大きな器でやってくるチョコレートムースも、あまりの軽やかさにひとりで平らげてしまう始末。幸か不幸か、次から次に私を襲う高カロリーの美味しいものの虜《とりこ》になり、「パリジェンヌの脚やお尻が細いのは若いうちだけ」なんて小さな負け惜しみを言いながら、自分に甘いスイートな時間を過ごしたのでした。

心躍るロンドン

パリからユーロスターに乗って2時間半、ドーバー海峡トンネルを潜り抜け、パリで買った「Sadaharu AOKI」のマカロンをふたつほど頬張ったところであっという間にロンドンに到着。

歴史を感じるレンガ造りの街並み、広がる王立公園の豊かな緑はまさにフォーエバーグリーン。鮮やかな緑の上で追いかけっこをするリスと子供たち。落ち葉ひとつとっても街の全てがフォトジェニックで、カメラ片手に気付けば十数キロも歩いていました。

パリよりも等身大の自分でいられるロンドンの空気は、肌になじんで居心地がいい。気取らなくていいのは街中だけでなく、オーケストラのコンサートも。ジーパンにセーター。手を繋いで歩く老夫婦は、まるで近所のスーパーへ買い物にでも行くような気軽さで音楽を楽しんでいます。

ベネズエラの「エル・システマ」という国家プロジェクトをご存知でしょうか？　貧困層の子供たちに無料で音楽教育を施すことで麻薬や犯罪から守ろう、という試みで、開始から35年たった今（2010年当時）では大きな成果を挙げ、世界中から注目が集まっています。

そのベネズエラ国内の220もの青少年オーケストラの選抜メンバーによって構成されているのが、シモン・ボリバル・ユース・オーケストラ・オブ・ベネズエラ。世界的アーティストも輩出している彼らのチケットが今回奇跡的に取れ、その演奏に生で触れることができたんです！

心が躍る時間でした。音楽を楽しむ喜びが音にのって心にズドンと飛び込んでくる。その一体感と豊かな音に、血の沸くような感動を覚え、涙がこぼれてきました。アンコールはまさかの「マンボ」。クラシックのコンサートだということを忘れるほどの興奮が渦巻いて、会場全体が「マンボッ」と叫び、総立ちの拍手が送られる。なんて素敵な夜なんだろう……。

会場を出ても高揚がおさまらずに、パリで買った靴の歩きやすさに感謝しながら、何キロも歩いて友人のアパートメントに帰ったのでした。

心躍ったものがもうひとつ。ロンドン郊外のリッチモンドの高台にそびえる「ピーターシャムホテル」のスコーン。眼前にはテムズ川。いかにもイギリスらしい景色を眺めながらいただくスコーンとクロテッドクリームのコンビネーションには衝撃を受けました！　食感も香りもスコーンの概念を打ち砕く美味しさで、帰国後もクロテッドクリームを探し求めてスーパーを渡り歩き、自己流でスコーンを焼いてみるほど。まだ、あの感動の味には遠いけれど、いつかロンドンにスコーン留学でもしてみようかと企んでいます（笑）。

旅をしてその土地を知る。美味しいものに出合う。音を楽しむ。大袈裟かもしれないけれど、そうやって世界は繋がっていくような気がします。自分の目で見て感じることをこれからも大切にしていきたいです。

（2011年1月号）

Travel Album in the World

身軽に＆気軽に海外へ旅立ちたい
脱日常の特別な解放感を味わいに

Taiwan

めざましテレビの合間を縫って、近場の海外へ。
美味しいものと足裏マッサージの連続でリフレッシュ。
クーポンを駆使した、激安旅行ができるのも魅力です。

美奈ちゃんと、サボテンのつもり。

寺院にて。頭がよくなりますよーに！

北京ダックの前でパチリ。

格安旅行はバス移動。
でも行き先が分かりません……。

Australia

「珊瑚の死」と呼ばれる白化現象の取材で訪れたグレートバリアリーフ。あの美しい海の中までも、地球温暖化の影響が出ている現実を目の当たりにしました。

アボリジニーの子供たちとともに。

グレートバリアリーフの海中で
ウミガメに出会いました。

Spain

夏休みに「太陽の国」でパワーチャージ。
芸術と地中海の恵みに溢れた、どこまでも楽しい国。
生きることに無理をしない空気が心地よくて、
再訪したい国ナンバーワンです!!

バルセロナのグウエル公園にて。
ガウディの生命を感じる奇妙で
可愛い建築物。

地中海料理の美味しさに感動!

ピンクの壁と窓枠の模様が何ともキュート♪

アルハンブラ宮殿の美しさに大感激!

ラスベガスの夜は刺激的

歴史を感じるルート66。

雄大なグランドキャニオンに
吸い込まれそうに……。

Las Vegas

母と一緒に訪れたラスベガス。
セリーヌ・ディオンのショーとカジノ、
大人の街を初体験しました。
街の外に広がる大自然にも圧倒されました。

エッフェル塔を見て、テンション急上昇の私。

あまりの寒さに、
カシミアのマフラーを現地調達。

パリの夜は、美食の連続

Paris

めざましテレビ卒業後の最初の旅。
失恋旅行のような気持ちで訪れたパリには、
心を溶かすスイーツとフォアグラと
赤ワインが待っていました。

職人技です。美味しそー。

中国の勢いを感じたパビリオンでした。

焼き小籠包をパクリ。

Shanghai

中国人の生命力を改めて感じた、上海万博の取材。
過酷な取材中に出合った焼き小籠包が忘れられません。
でも、かなりのアツアツなので、やけどに注意。

馬って……大きい!

憧れの絵本のような景色です。

COP15では国連事務総長にも
インタビューできました。

おもちゃのような可愛い街並み。

Copenhagen

環境問題を改めて考えるきっかけとなったCOP15。
環境先進国では、地球とうまく付き合う秘訣を学びました。
雪化粧をした街並みは、まるで絵本の世界。

アヤパンとして過ごした日々——

フジテレビが教えてくれたこと

私がアナウンサーとして学び、育てていただき、そして巣立った場所。
フリーという立場で今もお世話になっていますが、そこには特別な想いがあります。

©Tamotsu Nakamura

アナウンス室にて

めざまし時代は早朝４時に、数紙の新聞に目を通すのが日課でした。刷りたての新聞のインクのにおいで、今日もまた１日が始まるんだ、という気持ちに。

初公開!
運命を決めた(?)1枚です

フジテレビの採用試験のエントリーシートに添付した写真です。気合の1枚!

同期は6人でした

女性3人、男性3人。こちらも入社1年目の夏、イベントの司会で奮闘中。

新人アナウンサーのデビュー戦

新人の初仕事、27時間テレビの提供読み。同期の森下君は感涙。

入社1年目、踊ってます! 笑顔です!

パラパラDVDの発売イベント。いろんな仕事をさせていただきました。

コスプレもお仕事のうち!

え? コレ着るの!? と思いつつ、結構楽しんでいる自分がいたりして(笑)。

大学を卒業してからおよそ10年の歳月をともに過ごしたフジテレビを退社して、早くも1年数カ月が経ちました。今改めて感じるのは、その会社員生活の中で培った一番大切なものは「人の縁」だということです。ともに頑張った人、ぶつかった人、理解し合えなかった人、一緒に泣いてくれた人、誰ひとり欠けても今の私はいません。

フリーになって初めてフジテレビに足を踏み入れた時、実は内心ちょっとドキドキしていました。みんなどんなふうに私を受け入れてくれるのか不安で……。でも、それは私の杞憂《きゆう》だと分かりました。「お帰り!」と言わんばかりに、退社前と同じように話しかけてくれたり、スタッフの皆さんが、「あの時、高島がやってくれたみたいにさぁ……」と、もう何年も前のことをポンとたとえに出してくれたり。離れてみて初めて分かる繋がりに、「ああ、私はこういう人たちとの縁を築かせてもらったんだなぁ」と、感謝の想いが溢れた1年でした。

また、逆に言えばこれまでとは違う場所での仕事では、いちから説明するという大変さも味わいました。「いつもの感じで……」が当たり前じゃないことに気付かせてもらった、とも言えます。

「めざましテレビ」時代

7年半続いた私のめざまし時代。卒業した翌週の放送を観た時には、まるで失恋したような気分でした。寂しくて、おいていかれたような気持ち。それぐらい私の生活の中心でしたから。

スタジオでカメラが回っていない時も、こんな感じで和気あいあい。

伊藤さんとのニュースコーナーでは緊張感が高まります。

軽部さんの芸能コーナーではリラックス。

このチームワークで視聴率も好調!

めざましテニス部。一応、部長を務めてます。

めざましのロケで浴衣姿。待ち時間は日傘が必需品。

本当にありがとうございました

大好きなめざましテレビ卒業の日。出演者、スタッフの皆さんが送る会を開いてくださいました。

熱気と興奮を伝える仕事

トリノオリンピックの報道スタジオにて。スポーツの現場は独特の緊張感。スタジオもチームワークが大切です。

知らない世界を学ぶ喜び

「スーパー競馬」を担当していた時の写真。競馬について必死に勉強しました。

聖火ランナーも経験。一生残る想い出になりました。

たくさんの方に見送られて

退社前、技術スタッフの皆さんと。また会えるのに、やはり寂しい気持ちになりました。

そして、フジテレビは私に、中野美奈子ちゃんという良きライバルとも巡り合わせてくれました。心豊かで、愛らしく、それでいて根性のある彼女の存在が、時に刺激となり、安らぎにもなり、楽しい時も、辛い時も、同じ時間を共有することで、ここまで頑張ることができました。美奈ちゃんは、私にとってまさに戦友です。これからも、仕事もプライベートも語り合えるB型仲間でいたいと思っています。

フジテレビから内定をいただいた翌日、内定者の集いに出席するために、ゆりかもめに乗りお台場へ向かいました。その車窓から見えた景色は、今でも鮮明に覚えています。お台場という離れ小島にそびえたつ、奇抜な形の建物。今ではすっかり見慣れてしまいましたが、フジテレビ社屋のシンボルとも言うべき大きな球体に太陽の光が反射し、キラキラと輝いていて、私は「ここに毎日通うんだ！」と心の底からワクワクしていました。まだ怖い気持ちは微塵もなくて、期待感だけが胸いっぱいに広がった、あの時の気持ち。それは仕事をする上ですごく大切なものだと思っています。私、なんだか今の状況に慣れてしまっているな、甘いな、という時には、「あの時のあの気持ち」を思い出すようにしています。

だから私にとってフジテレビは、今もこれからも、つねに初心に戻してくれる存在でもあるのです。

小顔への道

Essay 20

サングラスの理由《わけ》

局アナを辞めてから、サングラスをかけるようになった私。いきなり調子に乗り始めた……訳ではなくて、単純にすっぴんでいる時間が増えたんです。これまでは薄暗い時間に出社していたので、すっぴんでも気にならなかったのが、うーん……。日の光に当たると自分の顔の粗探しの簡単なこと。こんな感じにショップの店員さんに見られているのかと思うと、おもわずトイレに駆け込んでコンシーラーとマスカラだけでも、と急場しのぎのごまかしメイクをする始末で……。

そこで登場したのが大きめのサングラス！ これまでもバッグの中にひっそりと忍ばせてはいたものの、「アナウンサーなのに、自意識過剰ね」と思われるのが恥ずかしくて、なかなか装着できなかった、まさに自意識過剰な私。こうやってエッセイに書いているのだって、公開言い訳みたいなものでもあります（笑）。

退社してからの主だった変化が「こんなこと」で申し訳ないのですが、おかげさまで自由な時間も増えたので、いち早くすっぴんの輝きを取り戻すべく、美容大国「韓国」へと行って参りました。

まずは、毒出しから。漢方を混ぜて焚いた定番の「ヨモギ蒸し」。ピンクのてるてる坊主のような格好で蒸されながら、どこから見ても完璧なボディラインをくねらせて微笑むK−POPアイドルの歌番組を見て「かわいい〜」とうっとりする私たち。横顔がキレイなのかしら……アラサー女子4人で分析しながら、あの鼻は私たちには無理！という結論にあっさりと到達し、お肌だけでもキレイになりたい！と、旅の目的が決定!

美しさ VS 痛み

実は以前から行ってみたかった「頭蓋骨矯正」。韓国のソレは想像をはるかに超えていました。「薬手名家」、名前からして効きそうな、韓流スターも足しげく通うというこのお店、とにかくエステティシャンの手ひとつで、小顔にしてくれるというから、氷点下15度のソウルもなんのその、軽やかな足取りでお店へと向かいました。受付で渡されたMENUを見てテンションがあがる私。一押しのコースが「左右非対称」。字面が怖い、怖すぎる……。でも、こんな名前をつけるくらいだから自信があるに違いないと、顔や体のゆがみを解消してくれるらしいこのコース（120分で約13,000円）を受けることに。着替えを終えて、期待とともにいざ開始！　と扉を開けると……「あーー」「あぁぁー」「あ゛ぁ」と悲鳴に近い2オクターブに亘《わた》る「あー」の大合唱が響き渡っています！　「来るべきじゃなかったかも」。一種異様な空間に瞬時に怖気づいたけれど、ここでやらなきゃ女がすたる！　と、「もう、好きにしてください……」。7台のベッドのど真ん中に寝転がりました。

自分の頭蓋骨がきしむ音、聞いたことありますか?　ギシギシと鈍い音。私の左右非対称な顔を矯正すべく全力で頭蓋骨の際をグリグリと押し、こめかみや噛み合わせの部分もプレス機のような圧力で挟み込むコリアン美女が、だんだんと『猟奇的な彼女』に見えてきました。声を出すことすら忘れる痛みに、思わず漏れた言葉が「ごふぇんなふぁいぃ……」。エステに来て謝ったの、初めて（苦笑）。戦意喪失の私に、最後は、でっぱった頬骨を平らにしますね。と笑顔でドンドンドン！

——完敗。

ところが、敗北感に打ちひしがれぐったりと辿り着いた更衣室で鏡を覗き込んでビックリ！「えっ、左右対称!」。顔全体がスッキリして、心なしか鼻まで高くなった気がするほど！　一瞬嬉しさがこみ上げてきたものの、なんというか、とても複雑な気持ちになったのも事実。「究極の選択」ですよね。美しくなりたいと思う女の執念は痛みを凌駕するのか!?　その晩からもう一度行くかずーっと悩んでいる私。こんなに悩むくらいなら、「そのままの君が一番だよ」と愛してくれる人を探すほうが早いのかもしれない。なんて、本当に都合のいい夢をみているのです。ちなみに、マッコリを飲みすぎて、翌日には鼻がへこんでいました（笑）。

（2011年4月号）

家系図のススメ

Essay 21

祖母の想い出

先日、祖母の三回忌がありました。

小さな頃から、お正月はもちろん、親戚で集まる機会が非常に多い我が家でしたが、仕事を始めてからは、お正月は生放送、祝日も仕事……と、なかなか参加できず、どこか申し訳ない気持ちがあったので、法事だというのに、その日は心が弾んでいました。

祖母の耳が少し遠かったこともあり、みんな声が大きく、笑い上戸で、とにかく明るい母方の親戚。祖父母の墓前は、にわかピクニックのような賑わいで、青く広がる空にお線香の煙がまっすぐに伸びていました。

92歳と大往生だった祖母。オセロと氷川きよしさんとパーマ屋さんが好きだった祖母。想い出すのは、吹けば飛ぶような細い体と少し申し訳なさそうに微笑む顔。皮しかないような細い二の腕からニョキッとあらわれる力こぶを見るのが大好きで、よく腕相撲を挑んでいました。怒った顔は一度も見たことがなく、母に聞いても、一度も怒られたことがないという、穏やかで、優しい祖母。こうしなさい！と言われたことはないけれど、祖父の前で決して口答えをせず、穏やかに微笑む姿に、女性の在り方をみていました。冬の寒い日も、雨の日も、私たちが帰る時間になると上着も羽織らずサンダルをつっかけて、しつけのできていないポメラニアンを抱えて、私たちの車が見えなくなるまで手を振っていました。

ひょいひょいと身軽だった祖母が要介護認定を受け、車いすに乗るようになった頃、なんだか信じられないような気持ちと同時に、ふと不安を覚えました。

もし、母がこうなったらどうしよう……。

恥ずかしながら32歳独身実家暮らし。

冷蔵庫にはいつでも食材があり、洗濯物が溜まることもない、生ぬるい環境に身をおいている私に何ができるのだろう。

当時28歳だった私はすぐにホームヘルパーの資格を取るべく学校に通い始めました。体の不自由な方を楽に起き上がらせる方法、適切な食事、老人ホームでの実習など、介護現場の厳しい状況を学びながら、自分にできることを知っておくことの大切さを学びました。老人性難聴の方には低い声でしゃべりかけたほうが聞こえるということも……。

家族という大きな木

4人部屋の手前のベッドで、またひとまわり小さくなった祖母が布団に包まっていました。毎朝聞こえない「めざましテレビ」を眺めてくれていた祖母に、少し低い声で最近の仕事の話や家族の話をし、「そうだ、おばあちゃん写真撮ろう」と声をかけ、ピースマークを向けると、モゾモゾと布団の中の手が動いたような気がしました。「おばあちゃん、ピース、ピース」とさらに手を近づけると、ゆっくりと布団から抜いた右手で、そっと、でもしっかりとした完璧なピースを見せてくれました。病室が笑いに包まれました。申し訳なさそうな笑顔のピース写真が、祖母と私の最後の写真になりました。

遺影の前のグラスにはビール。その前を9人の曾孫たちが走り回り、料亭の大広間に集まった32人の親戚を前に、叔父がおもむろに配りものを始めました。

それは──「家系図」!!

祖父と祖母の名前が並び、その下に4人の子供とその伴侶、その下に10人の孫とその伴侶、そのまた下には9人の曾孫……と、大きく茂った木を逆さにしたような系図が、A4の紙にギッシリと書かれていました。

家族が増えることの意味を考えながら、ひとりひとり名前を目で追い、ここに収まらない、祖母の母、その母、さらにその母……と、誰ひとり欠けてもこの賑わいがなかったんだなぁ、としみじみ思いを馳せていました。目で見なければ感じられない愚かな私だけど、もう一度……

「おばあちゃん、ありがとう」

生きているうちにもっと伝えておけばよかったな。

でも、どうしても気になるぎっしり埋まった家系図の、唯一の空欄……。

「彩ちゃんのところも『夫』の欄、作っといたからね（笑）」

叔父さん、そのジョーク攻撃力が強すぎます。とはいえ、そろそろ家系図、完成させたいな。

（2011年5月号）

©Kazuo Ishikura

強い女

Essay 22

表紙撮影の裏側

GINGERの表紙撮影当日、当然のことながら気負っていました。なんてったって、毎月、表紙の笑顔に癒され、凛とした表情に励まされ、お風呂もベッドも一緒、寝返りを打つと目が合うくらい生活に密着している、GINGERの表紙に登場するなんて、恐れ多くて……。1年前の、いや半年前の私は想像もしていませんでした。

やらせていただくからには最高のモノにしたい！ 最低限お肌のコンディションを整えていくのが礼儀だと、22時～2時のゴールデンタイムの睡眠を確保して、いつもの2倍のボディクリームを体に塗り込んで臨んだ今回の撮影。いつもならスタジオに入って真っ先に手を伸ばすお菓子の山に目もくれず、とはいえ、この緊張を悟られまいと、ヒールを鳴らして笑顔で現場に入りました。

「強い女性」……副編集長平山さんから伝えられた表紙のイメージです。ジャンヌ・ダルクか北条政子か……。そういえばよく、「高島さんって強そうですよね」、あまり仕事をしたことがない男性に不躾《ぶしつけ》に言われたりして、「それって気が強いってこと?」「いや、意外と傷つきやすいんですよ、こう見えて……」、声には出せずに、心でため息をつくことも……。でもここはご期待に沿っておこうかと、「いつの間にか週刊誌に追いかけられたり、叩かれたりしても平気になっちゃったんです。何もないと寂しいくらい（笑）」なんて言ってしまう私は、強い女というより、強がり女。

いや、きっとGINGERの表現する女性の強さは、次元の違うもっと「生き様」みたいなものに違いない。改めて私の中身を掘り起こすと、真っ先に思い浮かんだのが、ココ・シャネル。物事を成功へ導く強い信念と聡明さを持ち、同時に生涯恋をし続けるバイタリティ！「いい恋もいい仕事もしたい!」というのは、人生を充実させたいGINGER世代の女子も同じはずです。

「20歳の顔は自然の贈り物。50歳の顔はあなたの功績」。生き方を問われドキッとさせられるココ・シャネルの言葉に背筋がピンと伸びます。生きた時代は違えど、私たちは、不安や悩みを抱えながらも、想像と行動力と情熱のかけ算でいろんなものを手にする自由と可能性を持っているし、いつだって、「きっともっとできるはず！」そう確信して進んできました。

だから、迷わず邁進する強さを表現してみよう！

私の中の強さとは？

でも、本当にそれだけなのか……。腑に落ちない自分がいました。私の中に強さがあるとしたら、それだけではない気がしたんです。ずっと持っていたいもの。日本人女性としての奥ゆかしさや忍耐力、欲しがらないシンプルな生き方を選択する潔さ、これもまた強さだと思うのです。ちょうど戦後を生きた祖母のように。女手ひとつで私を育てた母のように――。

色で言うなら「白」。交わって相手を染める黒ではなくて、全てを優しく中和する色。華やかな赤ではなくて、強い意志を感じる凛とした色。だから私は、白いカラーのような女性でありたい。

「あなたの強さはなんですか?」そう問いかけるように、自分なりの答えを胸にカメラの前に立ったものの、これまで「言葉」で伝えてきた私は、その思いをどう表現したらいいのか分かりませんでした。

その空気を変えてくれたのが、片山編集長や石倉カメラマンの「いいものを撮りたい」という明確な思いでした。はっきり言ってど素人の私の戸惑いをあっさりと超え、内側から感情を表情に変えて引っ張り出してくれるその感じは、まるで魔法のよう。みんなの思いがひとつに溶け合う時に生まれる熱が、無機質なスタジオに広がって、あたたかい喜びを味わうことができました。

たくさんの思いを込めた今回の撮影、どんな表紙になっているのか、正直、楽しみでもあり不安でもあります。でも、こんなドキドキがあるから、チャレンジはやめられません。

だって、初めては、いつだって刺激的だから！

（2011年6月号）

Play Back from GINGER

新しい自分を見せる挑戦

『GINGER』でエッセイの連載を続ける中で、写真を撮ってもらうという機会もたくさんありました。
テレビと違い、静止した世界で自分らしさを表現すること……
それはピリリと緊張する新しい体験で、難しくも楽しい挑戦でした。

2009年5月号

緊張の面持ち。創刊号の撮影

汐留にあるホテルのレストランでランチをしながらインタビューを受けた後、そのレストランの個室をお借りして、そのまま撮影に。昼間の撮影だったのに、仕上がった写真を見たら、とっても雰囲気たっぷりのポートレートになっていて感激。

Photo by NAKA

“将来は柔和で人を包み込む優しさを持った人と、笑いながら生きていきたいですね”

（「結婚」について触れた本文より）

“どんなに忙しくても心の中に、楽しむ余裕を持っていたいです”

（「元気でいるための秘訣」について本文より）

2009年11月号

いつもと違うカジュアルな雰囲気で

連載がスタートして半年後に、大切にしている私物やこだわりを紹介する特別企画が組まれました。電動自転車を乗り回していることや家庭菜園に凝っていることをご報告したのもこの企画。自然光のハウススタジオで女性スタッフばかり、わいわいと楽しい現場でした。

Photos by Momoko Katsuoka

2010年7月号

マクロビ好きが高じて料理企画にゲスト出演

マクロビのお料理教室に通っていたこともあって、西邨マユミさん（世界的に有名なマクロビオティック・コーチ）とご一緒できる企画で——という編集部からのお誘いに「ぜひ」とお応えして出演。いとこのバートンルイス・美奈子ちゃんと一緒に、西邨さんの手料理をいただきながらマクロビのお話を伺いました。

Photos by Yusuke Ikuta

2011年2月号

初めてのロングインタビューで心情吐露

フジテレビ退社直前（2010年12月末日で退社）の号で、会社員として働いた9年10カ月を振り返ってお話させていただいた企画。「めざましテレビ」を卒業した後に感じた、たくさんの方々に支えられていたという感謝の気持ち、そして離れてしまう寂しさ。語っているうちに涙がぽろりと流れて。でも、話しながら心の整理もできました。

Photos by Jun Imajo

“いつも満月になりきれなくて
どこか欠けている、
それを満たすには、
満たすにはと、これまでずっとやってきた。
それが私が前に進む
原動力になっているのかなぁ”

（「仕事の原動力」について語った本文より）

“これまでは溺れるぐらい
愛されたいと思っていたのが、
なぜか愛情を注ぎたいと
思うようになって。
そんな気持ちの変化に、
「私も成長してるな」って
自分で感心しちゃったり（笑）”

（「もっと素直に愛情表現したい」という
目標について語った本文より）

2011年3月号

フリーアナウンサーとしてのスタート

2011年はいろんな意味で始まりの年でした。この時のインタビューでは「これからはゆっくり、じっくり、一歩ずつ」と言いつつも、結局は忙しく駆け抜けた1年になりました。美容、英会話、習い事（お茶）、列車で日本縦断（！）……などなど、いくつかの目標を掲げていましたが、道はまだ半ばです（笑）。

Photos by Keita Haginiwa

“未来に対する余計な
取り越し苦労はやめて、
今の日本で、精一杯、
楽しく元気に生きて、愛して、
働いていきたいって思っています”

（COVER WOMANインタビュー本文より）

2011年6月号

初体験！ カバーウーマンになった！

『GINGER』の、そして女性ファッション誌の表紙を飾るという初めての体験。その時の裏話は、連載にも綴《つづ》りました。どの服がいいか、ヘアメイクはどうするか、スタッフと相談しながらの撮影は、とても貴重な体験となりました。表紙に採用された写真はP88のもの、この白い衣装の写真はカバーウーマンインタビューに掲載されました。

Photos by Kazuo Ishikura

2011年11月号

ファッション企画でコートを着こなす

何事も経験、とファッション企画にも挑戦。正直な感想は「モードって難しい！」。着ている服をどうキレイに見せるか、そのためのポージングはどうすべきか、着こなしに合った表情作りとか。モデルさんはやっぱりスゴイ！ 初秋のコート企画だったので、求められたのはしっとり落ち着いた大人の女性像でしたが……どうでしょう？

Photos by Takashi Noguchi

“よく泣きよく笑う。
今日ある幸せに感謝する”

（「ポジティブでいるための特効薬は？」に答えた本文より）

2012年2月号

GINGER PERSON賞を受賞

GINGER読者から生き方やスタイルに支持と共感を得た女性に、ということでいただいたと聞き、とても嬉しい受賞でした。取材先で急遽撮影したこのポートレートは、自然体で等身大、ありのままの自分が写っています。これからも自分スタイルをしっかり探し続けていこうと思います。

Photo by Keita Haginiwa

目指せ! 痣《あざ》なし美人

Essay 23

痣と付き合う日々

そろそろショート丈のパンツをはいて全身で太陽を感じたい気分。ビタミンカラーのパンプスを差し色に、露出度を上げて仕事場へ向かいました。

「それ、どうしたんですか?」

現場入り早々、スタッフに指差された私の左足の脛《すね》を見ると10円玉くらいの青紫の痣がくっきり。聞いちゃいけなかったのかも、と瞬時に不安げな表情になった彼女を見て、慌てて「昔から痣ができやすい体質なの」と言ってみたけど、記憶にない。最近そこまで酔っぱらってないし、ましてやハードな男性と付き合っているわけでもないのに……(彼女はきっとそれを心配していた)。

そもそも、せっかちな性格で、お昼ご飯を食べながら夕飯の献立を考えたり、右手で歯磨きをしながら左手でコンタクトレンズを入れたり(絶対、それぞれにやったほうが効率がいいに違いない)、化粧水が皮膚に浸透する前にクリームをつけて、顔面で液体の分離が起こってしまうこともよくある話。エッフェル塔を見に行った時は、その存在感に感動して、まだ動いている車のドアを開ける始末で……。

この、なんとも前のめりな性格、嫌いではないけれど、女性として大切な何かが確実に足りない気がする。1日1回は「イタッ」と大声を上げている私ですが、もっと思慮深く落ち着いた、痣のない女性になりたいものです。

とはいえ、できてしまった痣は温めても、薬を付けても消えないどころか、長居すること3週間。確実に20代の頃より消えにくくなっている、悲しい現実。でも、だてに痣を作り続けてきたわけではありません。対処法だってマスターしています。

隠すことは上手になって……

思い返せば3年前、フジテレビの大道具通路を通り抜けようとする私の右手には銀だら弁当、左手にはアツアツのお味噌汁。熱いものは熱いうちに！が信条の私は、お味噌汁が冷めないうちに、と小走りでアナウンス室へ向かっていました。小雨が降ったその日の廊下は、番組のセットを搬入する台車についた雨のせいで濡れていて、忘れもしないV1スタジオ前、あと少しで絨毯になるその直前で足を滑らせ、お弁当を放せばいいのに、何故だかもっと強く握りしめてしまい、両手が塞がった私は、見事なまでに顔面から転倒してしまったのです。

マンガのようにぷくっとふくらんだおでこは、みるみるうちに赤紫に色を変え、皮膚の下の血は重力に従って目の下までおりてきて、怪談状態。直径5センチ！

この顔で「おはようございます」は言えない！全然さわやかじゃない！　焦った私が試行錯誤の末にみつけたのが、男性が舞台メイクで使う「ひげ隠し用コンシーラー」。目の下のクマ隠しにはオレンジ系がいいというけれど、崎陽軒のシウマイ弁当に入っているあんずのようなオレンジ色のコンシーラーは青痣に効果てき面。これをファンデーションの前に、叩くように痣に塗って、その上にいつも通りのメイクを施し、さらにメガネをかければ完成。毎朝1メートル圏内で接していた「めざましテレビ」の大塚さんが気付かないどころか、「メガネ女子、可愛いね」と、お褒めにあずかる程の完璧な偽装。「目の調子が悪くて……」と嘘をついた私をどうかお許しください。「お味噌汁が大事で顔面打ちました」とは言えませんでした（苦笑）。

それに比べたら、足にできた痣を消すのは朝飯前。同じ要領でオレンジ色のコンシーラーを叩いてストッキングをはけば、キレイな足に大変身。生脚ふうに見せたい時は「無印良品」のノンサポートタイプでナチュラルに！が鉄則です。

なんだか、気付けば対処法ばかり研究してしまう私。根本的に改善したいけれど、やっぱり足の痣を気にするより、もっとアグレッシブにこの夏を楽しみたい！今はそんな気分。

大人の女性への性格改善は来年の課題ということで……。おっちょこちょい仲間の皆さん！今年は露出しちゃいましょ！

（2011年7月号）

褒められ上手はいい女

Essay 24

褒められマナー

上手に褒められるって難しい……。

最近しみじみ思います。会社員でなくなって半年。ありがたいことに、職場で「挨拶代わりの褒め言葉」に出合う機会が増えたのですが、瞬時に私の中の危険センサーがビンビン反応してしまい、「可愛い」の言葉に心が数ミリ浮き上がると同時に、きっとこれが「勘違いの入口」なんだと怖さすら覚えてしまうんです。

これまで「けなし言葉も愛情」みたいな現場にいたせいか、打たれ強さばかりが身についていて、本来なら嬉しいはずの言葉に上手く反応できないのです。気恥ずかしくて、必要以上におちゃらけてみせたり、うつむきがちな顔の前で「いえいえいえ」と大袈裟に手を振る姿の「小物感」たるや……。

私が出会った素敵な女性は、たいてい褒められ上手で、褒められマナーが身についています。否定するわけでも、当然のような顔をするわけでもなく、少し恥じらって、微笑みながら受け止めて、感謝の言葉を忘れない。完璧な間。その空間には、「余裕としなやかさ」が滲《にじ》んで、褒めた側をも心地よくさせてくれるんです。どうしたらそういう女性になれるのでしょうか？

努力の始まり

先日、初めてのCM撮影直前、ふと、撮影当日の顔が何カ月もテレビに映ることに不安を覚えた私は、とにかく、当日だけでもひとまわりスッキリした顔にならないものかと、慌てて超小顔の友人にエステを紹介してもらいました。我ながらジタバタと往生際が悪い気もしましたが、生放送に慣れている私には、今日がダメでも明日がある！的発想が根付いていて、その日1日に顔のコンディションを合わせるなんて、考えたこともなかったんです。

すがるような思いで訪れた麻布のエステ。自然光が気持ちよく差し込むマンションの一室で、天然美人の先生に言われるまま、人差し指で髪の生え際をぐぅっと押してみると、簡単につく指の跡。実はそのへこんだ分全てが、おでこに溜まった老廃物だというんです。えぇぇー。どこもかしこもへこむんですけど……。驚きながらおでこ中を押していると、「頭皮からは尿の何倍も毒素が出るんですよ」と、にわかには信じたくない衝撃のひと言。だからこそ、頭皮を刺激して、毛根から老廃物をゆっくりと揉み出してあげると、頭全体の巡りも良くなって、顔のたるみやむくみが解消されるというのです。「頭から尿……頭から尿……」。変なキーワードが頭の中でリフレインする中、痛みに耐え頭皮マッサージを終えてみると、確かに老廃物の仮面を剝いだようにひとまわりスッキリとした顔が現れました！

その日から、ノーマークだった「頭皮ケア」に目覚めた私は、まず自宅でのケア用に自分に合った頭皮用ブラシをいくつも試して購入（ちなみに硬さがちょうどいいのは、メンズ用のサクセス）。シャンプーをしながら、おでこから後頭部まで強めに圧をかけて細かく左右にゴシゴシ。ひたすらこの繰り返し。まだ3カ月ですが、ある日突如現れたおでこのシワも、少しずつ薄くなっていて、これが1年後2年後10年後に効いてくる！　と未来の自分を想像して、せっせとケアを続けています。

すると先日、ヘアメイクさんから嬉しい言葉が！

「彩さん、頭皮、キレイ～」

普段なら、「そこっ!?」と、無理に探したような褒めどころに、笑ってしまいそうなものですが、なんてったって日々の努力がありますから、その言葉が心に沁みて、とても素直に、受け入れることができました。

きっと、人って頑張った跡を褒められると、素直に喜べるんですね。つまりは、褒められ上手のいい女は、つねに努力を重ねているからこそ、褒められ上手なのに違いない。だから私も、みんなの言葉を心いっぱいに受け止められるよう、少しずつでも努力を続けていかなくては！　全ては自分の心しだい。今夜も無心でサクセスしなきゃ！（笑）

（2011年8月号）

©Jun Imajo

下着改革

Essay 25

©Jun Imajo

節電と薄着

目覚めた瞬間から自分との戦いである。なんて言うとかっこいいのですが、なるべく冷房を使わずに過ごそうと決めた自分のルールと、毎日必死に戦っています。月明かりの中で眠りにつき、太陽の光で目を覚ますという、ちょっとした日々の楽しみのために、カーテンを開けたまま寝るのが習慣なのですが、いよいよ日差しだけで室温が急上昇する事態に、その楽しみもお預けとなりました。

そんなわけで、例年以上に「節電」と「暑さ対策」を意識する今年の夏は､とにかく「薄着」がキーワード。本来は、余計な部分についたお肉を隠すために、布は重ねていたいタイプの私ですが、今年の夏はそんなこと言っていられません。1枚でも1センチ四方でも重なる布を小さくしたい。切なる願いです。そんな私の心強い味方は、ブラカップ内蔵のタンクトップ。背中の締め付けがなく、風通しがいい上に、長いことブラ下からはみ出す背中の段々が悩みだった私にとって､まるでそんな事実がなかったかのように思わせてくれる、このアンダーウェアとの出合いは衝撃的でした。すぐさま各ブランドの色違いや生地違いを買い集め、気付けば手持ちの下着たちをまとめて処分してしまったほど（笑）。

それが、先日……。

「ブラカップ内蔵のタンクトップ……、そればっかり着ていると、胸のお肉があらゆる方向に流れていっちゃうらしいですよ……」

　自分の楽屋でピョンピョンと、タンクトップ1枚で浮かれている私への愛ある指摘。一瞬にして暑さが吹き飛びました。冷房いらずの新事実。というか、薄々気付いてはいたのだけれど、あまりの快適さに自分を甘やかしておりました。そうなのよねぇ。二の腕の付け根が切れ上がってないというか、胴と腕の境目がぼやけているというか、分かってはいたのですが……。

　よし！　これはいい機会！　いつか着るであろうウエディングドレスから伸びる腕が、スラッとしていますように。と願いを込めて、ここらでシフトチェンジをいたしましょう！

自分の体を教育する！

　手持ちの下着のほとんどを捨ててしまった私は、慌ててデパートの下着売り場へと走りました。男子禁制の空気感が女子モードを押し上げます。色とりどりの下着に心奪われながらも、「それいつ着るの？　結局アウターに響かないのが一番」と自分に言い聞かせ、本当に必要なものを吟味。試着室に入ると、まずは店員さんがスリーサイズを測ってくれました。こんなにちゃんとスリーサイズを測るのは大学生の時以来かも……、とドキドキしながら身を委《ゆだ》ねると、ウエストあたりで、さりげなくキュッと強めにメジャーを寄せる店員さんの優しさが身に沁みました。その甲斐あってか、思った以上のグラマラスボディ判定を受け上機嫌の私は、結局1時間以上脱ぎ着を繰り返し、お目当ての下着にプラスして、きつめのガードルとボディスーツをあわせて4つも購入。なにせ上機嫌でしたから（笑）。身をよじらないと穿《は》けないようなガードルは、最初こそきついものの確実にヒップアップに効果ありで、理想のポジションにお尻を持っていってくれます。お尻が上がると背筋も伸びて、心がシャンとする。それがなにより気持ちいい。ウエストを絞ってくれるボディスーツも、身に着けてから「ここがあなたの帰る場所よ」とお肉各所に語り掛けて、いるべき場所を覚えさせたりして（笑）。こんなふうに自分の体を教育していけば、理想の体に近づけるような気がしています。とにかく今は、希望的観測でトライあるのみ！　全ては意識が生み出しますから。

　そのかわり、自宅ではタンクトップでリラックス。ゆるーりゆるりと過ごす時間も大切にしています。何事も緩急。ボディスーツを脱ぎ捨てたあの解放感を楽しみながら、この夏の暑さを乗り切るつもりです。

（2011年9月号）

©Jun Imajo

夏の空を見上げて

Essay 26

自分のペース、見つけました

最近、リビングの窓から空を見上げる時間が増えました。

それは、夏空に盛り上がった入道雲の力強さにうっとりしたり、つながった空の向こうへ思いを馳せたり、鳥の群れの帰る場所を想像したり、とてもゆったりとした時間で、ここ10年の中で初めての、追われない夏を過ごしています。

大学の友人「八人衆」のひとりが、この春、結婚を機に10年働いた大手企業の仕事をキッパリと辞めてパリに渡りました。永住ではないし、帰ってきてからの仕事のビジョンなど不安もたくさんあるけれど、行ってみなければ分からない世界があると、決断は「GO！」。負けず嫌いの彼女が、パリジェンヌ相手に吐くほど赤ワインを飲んでいる姿が目に浮かびます（笑）。

結婚1年目の友人に久しぶりに会えば、人生初の「妊活」トーク。そもそも「妊活」って何？という私に、「就活」「婚活」「妊活」と三段活用のように教えてくれた彼女は、仕事だって忙しいのに、毎朝基礎体温をはかり排卵日をしっかりとチェックして、着実に明るい家族計画を実行していました。なんだかとても大人に見えた瞬間。個人じゃなくて家族の人生設計かぁ……。一歩も二歩も先に行ってしまった感じです。

30歳を過ぎ、毎年、1年という時間が短くなっていく感覚の中、今までの私だったら、この友人たちの姿に確実に焦りを感じていたはず。

「みんなちょっと待ってー」「置いてかないでー」って。だけど、今年は少し違う気持ち。退社という決断をし、自分のペースで歩み始めたことで、やっと、誰かと比べない強い心を持てた気がするのです。それに、ゆっくりと家族との時間を過ごすことこそ、私が積極的に選択したものだから。新しい変化はなくても、今ある仕事に一所懸命に、そして、内側を見つめる時間を大切にできている気がします。

充実のおうち時間

　そんなわけで、この半年は、これまでおあずけだった「家で過ごす時間」が、私には宝物のように感じられます。カラスの行水を卒業し、キャンドルをたいてバスオイルをいれた湯船に浸かる1時間。見上げた空の手前にある窓ガラスの汚れが目に入れば、ワンピースの裾をブルマー型にして、せっかくだからとスクワットをしながら窓拭きに夢中になる1時間。移動中や仕事の合間のつなぎだった脇役の読書が、そのためだけの時間を獲得し、じっくりとハーブティーを蒸らしてカップに静かに注ぐ余裕まで加えて、主役級の扱いに変わった大人時間。そしてなにより、「北の国から」の連続ドラマ全24話を、翌日の目の腫れを気にせずに泣きながら見続けられる富良野《ふらの》時間。それはそれは、自然に抱かれたゆったりとした時間で、あれだけ好きだった旅に出ずとも、脳内旅行が心を満たしてくれます。

　はっきり言ってハマってます！　今更ですが、「北の国から」は今こそ見るべきドラマだと、そしてこれから家庭を作る女性にこそ見て欲しいドラマだと、強く思うのです。純と蛍、子供たちの揺れる心、幾重にも重なった人間模様。心の機微が切ないほど描かれていて、今そばにいる人を大切にしたい……という思いが溢れてきます。自然の厳しさや気高さ、共存することへの覚悟、自然に対する感謝の心に気付かされます。自分で建てた風車を回し、風力発電で作った電気が裸電球を灯した瞬間のこみ上げる喜びは、原発に頼る生活が当たり前になっている私たちをハッとさせてくれます。この時代だからこそ気付かされることが、たくさん詰まっています。

「足ることを知る生活」を考えながら、身近にある喜びや幸せを再確認している今年の夏。誰かのペースに惑わされずに、焦らず、焦らず、自分の歩幅で行きましょう！……とか言いながら、「ルナルナ」にはちゃっかり登録済みですが（笑）。

　家族計画……いい言葉ですね。

（2011年10月号）

大切なものに囲まれて暮らしています

私の元気のモト

モチベーションをキープしたり、
疲れ気味のココロとカラダを癒したり ——
そんな“元気のモト”を見つけて、
暮らしの中に取り入れています。
明日からも頑張ろう、って
前向きになれるから。

1

2

1　おしゃれ備長炭

部屋の空気を浄化してくれる備長炭。
観葉植物の近くに置いておくだけで、緑がイキイキと
してくるので、きっとお肌にも良いハズ！
インテリアとしても可愛いところがお気に入り。

2　小さなグリーン

シュガーバインとペペロニアイザベラ。
水をやりながら、自分も潤っていく感じが好きです。
可愛い名前と裏腹に、仕事で家を空けても、
3日くらいなら元気でいてくれる強さも魅力です。

3 4

5

3 アートなアロマデフューザー

水で薄めないから、芳醇なアロマの香りがしっかりと
漂うすぐれもの。木目とガラスのコンビネーションが
素敵でしょ? リラックスにはゼラニウム、
喉のケアにはユーカリが欠かせません。

4 手に馴染む陶器の器

料理が楽しくなる器たち。旅先でふと気になって
購入することが多いかな。手にしっくりとくる
滑らかな形に心惹かれます。だいたいいつも
お酒の肴《さかな》が盛り付けられている気がします。

5 スワロフスキーのガラス細工

スワロフスキーの輝きは、眺めるだけで気分を
上げてくれます。海外旅行の思い出に買ったり、
心が沈んでいる時に買い足したり、購入理由はさまざま。
ライトアップして眺める時間は、お姫様モードです。

6

6　食の基本は玄米・雑穀

体の内側から美しく。マクロビオティックで始めた玄米食は、健康の基礎です。毎日ではありませんが、体が疲れたりエネルギーが足りない時は、玄米でパワーチャージ！

7　濃厚な蜂蜜

喉のケアには蜂蜜が一番！ すりおろしショウガに蜂蜜を入れてお湯で割ったり、疲れた時は、マヌカハニーをスプーンでそのままひとくち。お料理にも使えるので、日々の元気の源です。

8　目と舌で楽しむシャンパン

シュワシュワとした泡ものが大好き！ビールで始めてシャンパンで終わるくらいのシュワシュワ好き。お気に入りのクリストフルのシャンパングラスは母からのプレゼント。

7

8

9

10

11

9　無添加お菓子

間食好きの私にとって、無添加お菓子は強い味方。
罪悪感なく安心して食べられるのが良いところ。
甘さ控えめの穀物などの、素朴な味わいがする
クッキーが一番のお気に入りです。

10　じっくり淹れるハーブティー

読書タイムを充実させるプラスワンアイテム。
休みの日や、寝る前のゆっくりとしたひとときに
いただきます。ガラスのポットに満たされた
ハーブの香りと、鮮やかな色を楽しんでいます。

11　こだわり調味料

マクロビオティックはハードルが高くても、
調味料を替えるだけなら簡単です。
無添加にするだけで、満足度の高い食卓にシフト。
健康は自分で作るものという意識を大切にしています。

12　見た目も可愛いキャンドル

スペインで一目惚れしたボール型キャンドルは、
光の通し具合が優しくて、お気に入り。
冬になると、いくつものキャンドルを焚いて、
その穏やかな光で心を温めてもらっています。

13　快感！ 頭皮ケアブラシ

顔を引き締めるためにも欠かせない頭皮ケア。
特に、おでこと頭皮の境目に溜まった老廃物を
重点的に流しています。いろいろなブラシを
試しましたが、この「サクセス」の硬さが絶妙！

14　お気に入りの本&DVD

本を読む時間、DVDを観る時間は、ひとりだけの
特別なもの。心が疲れた時の友だちです。
「北の国から」は、翌日仕事がない時にしか
観られないほど号泣ものです。

12

13

14

15　モコモコ靴下

冷え症なので、くるぶしまわりの温めには欠かせない
アイテム。冬場は膝上まで温めれば怖いものなし。
履いたまま寝ても靴下跡がつかないところが、
モコモコ素材の嬉しいポイントです。

16　名前入りキラキラミラー

大切な方にいただいた手作りの名前入りミラーは、
スキンケアタイムに欠かせないアイテム。
「キレイ」を意識する時に、キラキラしたものが
近くにあると気分も上がります。

17　甥っ子と愛犬の写真

私の愚痴を聞いてくれ、私の涙を一番見ている、
愛犬の「てん」。そして、誰よりも可愛い
高島家の宝、甥っ子の「陽くん」。
ナンバーワンの元気のモトです。

16

15

17

人のふり見て……

Essay 27

言葉は言霊だから

近頃、おばさん化してきたのか、職業柄か、何をしていても、つい人の話し方や言葉遣いが気にかかります。テレビの中で同世代の女性がサラリと言った「超ヤバイ～」の言葉に、じわっと恥ずかしい気持ちになり、やはり美しい人には美しい言葉を使って欲しいな、と再認識したり、打ち合わせや会食の場でも、気になることばかり。早口すぎたり、やたら髪の毛を触りながら話す女性は、なにか落ち着かず、打ち合わせに集中できないどころか、女性の魅力も半減して映ります。自分の話ばかりする人、気付くと愚痴になっている人、いつも「でも」から話し始める人。言葉は言霊ですから、マイナスの言葉ばかり発していると、負のオーラが自分の周りに漂う気がして、せっかくなら良い言葉、肯定的な言葉を発したら良いのにな、と思うのです。

とはいえ、私も人のことを言えた義理ではありません。いわゆる「渋谷の女子高校生」現役の頃は、率先して「超ありえなくない?」「ヤバイ～」などを乱用していたし、いろんな意味を包括してくれる「ヤバイ」の便利さには、20代になってもお世話になっていました。アナウンサーの仕事を始めた頃は、仕事とプライベートで言葉を使い分け、学生時代の友人に会えば、うっぷんを晴らすように、これでもか！ と粗雑な言葉を使ったものです（笑）。それでも、意識で人って変われるんです。人に不快感を与えないような素敵な女性になりたい、と日々思うだけで、自分から生まれる言葉が変わっていきました。思い返せば、幼稚園に通っていた頃の挨拶は「ごきげんよう」だったのに、いつから変わってしまったのかしら。「人のふり見て我がふり直せ」。気になる場面に出くわす度に「私はどうか?」と自分を見つめ直すいい機会だと思っています。

想像するという思いやり

3年ほど前、番組収録終わりにフジテレビの廊下を歩いていると、ある女優さんに出会いました。気品と美しさを纏った姿は、女の私でも「素敵だなぁ」と見とれてしまうほど。すると、楽屋に戻ろうとする彼女が、右手でドアノブをひねり、おもむろに、右足で扉を押し開けたのです。

「え～!!」私は心で叫びました。

分かります。心から共感します。仕事終わりのクタクタの状態、しかも何故だか必要以上に重い楽屋の扉を右手だけで開けるのは一苦労なんです。そうなんです。

　だけど、見たくなかった……。

　あの美しい女優さんが、足で扉を押し開ける姿。それも慣れた足つきで、靴が傷まないように、つま先ではなく靴底を扉に合わせるその姿に、なんとも切ない気持ちに。

　正直、私も当たり前のように足を使っていたし、足どころか全身で体当たりするように扉を開けていたけれど、人から見るとこんなふうに見えるんだ、と猛省。なによりも無意識の怖さを感じて、それ以後、誰が見ていなくても扉の開閉には気を付けるようになりました。

　扉の開閉って人間性が滲み出ますよね。すごくノックの音が大きい人や、ノックから扉を開けるまでのスピードが異常に速い人。退室する際に「バタンッ」と扉を閉める人。それだけで、残念な気持ちになります。扉の向こう側を想像する思いやりを持っていたいし、こういう動きひとつで「女性らしさ」を演出することだって可能ですから（笑）。私が心がけているのは、退室する際のスピードと音。余韻を残すような程よいスピードでドアを閉め、「バタンッ」ではなく「カチャリ」と静かな音がするように、最後までドアノブを押さえて扉を閉める。たったそれだけです。それだけのことで、退室後の部屋にゆったりとした上品な余韻と、思いやりを漂わせることができるんです。ニヤリ（笑）。面接や、彼のご両親への挨拶など、いろいろな場面で使えるはず。意図的だとイヤラシイ気もしますが、最初は演出だっていいと思うのです。続けていれば、それが染みついて、自分のものになると思うから。30代、姿だけでなく、美しい余韻を残せる女性になりたいですね。

（2011年11月号）

©Tamotsu Nakamura

コンプレックスからの解放

Essay 28

あえて前に出る

先日、後輩と話しているとこんな話題になりました。

「本番3秒前になると、いつも隣の人が一歩下がるんです。それが気になって……」

「分かるよ、その感じ。意外とストレスなんだよね」

女性なら誰もが一度は経験があるだろうこのシーン。たとえば集合写真を撮る時、なんとなーくじわじわと、全員が体より少し後ろに顔を引いて、小顔にみせようとするあの感じ。あれがエスカレートすると、足元のポジション争いに発展するのです（笑）。

思えば、私も同じように思ったことがありました。写真を撮る時はもちろん、テレビカメラを通すと、この一歩、いや半歩の違いで、顔のサイズがひとまわりもふたまわりも違って見える。ましてや、顔が小さい人が多いテレビの世界。私のようないたって普通の人間には、このポジション争いは死活問題。自分から下がることはなくても、危機を感じると、「え～、そうなんだ～」などと、大きなリアクションをとった勢いにのせて、半歩下がってみたり（笑）、ピースサインで顔の輪郭をごまかして小顔にみせたり（……これは今でもやってるか〈笑〉）。今考えると恥ずかしいくらいに必死でした。

それが、ある時、ふと「あ～めんどくさい！」と、煩わしい女の戦いに終止符を打ちたくなったんです。そんなことに囚われている時間も気持ちももったいなくて……。

そこで考案したのが「一歩前進作戦」。これは、隣の人が下がったら、逆をついて、あえてグイッと前に出る。という、いたってシンプルな作戦なのですが、明らかに前にいるのだから顔が大きくて当たり前。気にしていた顔のサイズの違いも気にならなくなるし、隣の人はもちろんご機嫌で、なんと心の穏やかなこと！

そんな訳で、最近は一歩前に出た、少しでしゃばった感じの写真が増えてしまい、これはこれで問題だな。などと感じていますが、嫌なことやコンプレックスに対しては、あえて立ち向かってみたり、開き直るのもひとつの手だなぁ、としみじみ感じています。

「でこっぱち」と呼ばれ、出っ張った広いおでこがコンプレックスだった私は、強風が吹けばスカートより前髪を押さえるくらい、おでこをひた隠しにしてきました。それが先日、ビオレのスキンケア洗顔料のCM撮影で、どんどんと前髪が上がっていくうちに「もういいやっ」と心を解放する瞬間に出合い、えいっと前髪を上げてみたんです。すると、今まで気にしていたのが嘘みたいに、スッキリと気持ちが良くて……。とても些細なことだけれど、大袈裟に言うと、ひとつ人生が楽になった瞬間でした。ストレスもコンプレックスも、そこに囚われている時が一番ツライのかもしれませんね。

自分の弱さを伝えられたら

心も同じなんでしょうか。人に悩みを打ち明けることが苦手な私は、長いこと、胸の奥にたくさんのドロドロとした気持ちを押し込めていました。悩みを言うなんて弱点を晒《さら》しているようなもの。その時点で負けな気がする。と、いつも無意味な戦闘モードで自分を守っていたし、その「悩み」と向き合うこと自体を怖がっていました。だけどそれには限界があって、30歳に近づくと、仕事も恋愛も自分ひとりでは乗り越えられないことがいくつも襲ってきました。「私にはいったい何があるんだろう。何も持っていない」。そんな思いがいつも自分を焦らせていたし、期待に応えなければ、という思いでいつも胸が張り詰めていました。

そんな時に、私は人生で初めて、自分の弱さを声に出して伝えられる人に出会ったんです。少しずつ少しずつ、リハビリのように自分の心の中を伝える練習をしました。2時間近く黙り込む私の背中に手を当てながら、その人はじっと待っていてくれました。そして、自分の弱さを伝えることで、私は少し強くなれました。

私が今日まで頑張ってこられたのは、間違いなく、そんなふうに私の心を開いてくれる、大切な人に出会ったからだと思うのです。

私は今、この出会いに心から感謝しています。（つづく……）

（2011年12月号）

「つづく……」のつづき

Essay 29

結婚のご報告

この場をお借りして、GINGER読者の皆さん、いつも応援してくださっている皆さんに、ご報告があります――。

平成23年10月20日、私、高島彩は、5年半の交際を経て、ゆず北川悠仁さんと結婚いたしました。見守ってくださった皆さん、喜んでくださった皆さん、本当にありがとうございます。こうしてお伝えすることができて、心から嬉しく思います。

白無垢に綿帽子。深く広がる空と優しい光に包まれる中、豊かな自然に抱かれた山梨県身曾岐《みそぎ》神社の能舞台での挙式は「日本人に生まれて良かった」と実感する、とても厳かなものでした。能舞台に続く神橋を、彼の歩幅に合わせて渡りながら、「ちょっとゆっくり過ぎるかな」なんて邪念が頭をよぎりましたが、橋を渡りきる最後の一歩まで油断せず、同じペースを保つその歩みに、これからの結婚生活を重ねていました。

「つづく……」で終わった前回の連載。そこに記した「自分の弱さを声に出して伝えられる人」「私の心を開いてくれた大切な人」こそ、今の旦那さんです。

6年近い日々の中には、人には言えないような喧嘩をしたことも、もうダメだと思ったこともありました。けれども、彼は一度も諦めることをしませんでした。

彼と出会った当時の私は、自分の存在を確

認するために毎日必死でした。いわゆる「女子アナ」でいることと戦っていたし、心を守るためにいつも戦闘モードで、きっとトゲトゲした嫌な女だったに違いありません。一方で、人に弱いところを見せるのが苦手で、仕事の悩みも、恋愛の悩みも、たとえば「ヤキモチ」ひとつとっても、口に出せず、弱さを見せることは恥ずかしいこととさえ思っていました。

そんな私を変えたのが、彼との出会いでした。

「何をそんなに無理してるの?」

「君らしくいればいい」

背中に手を当て、私が口を開くまでじっと待っていてくれたその場所が、私が一番私らしくいられる場所へと育っていったのでした。

もちろん、いつもこんなふうに付き合ってくれる訳ではありません。今では「ねぇ、聞いてる?」なんて言葉も日常茶飯事（笑）。でも、「初めが肝心」な私にとって、あの時間はふたりの関係の礎として、大切なものになったのです。彼はというと、こんなにも私が心に留めているのが不思議なようで、「あの時優しくしといて良かったなぁ」と、したり顔で笑っています。

家族を作っていくこと

彼が私にくれたもの……。

それは、私と向き合ってくれる時間であったり、毎朝昇ってくる太陽のような明るさであったり、父のような大きな優しさ、子供のような純粋な思いと、信頼、信じる心。そして、家族への愛……。

彼は、自分の家族のように私の家族を大切にしてくれます。

女手ひとつで私を育ててくれた母のことはもちろん、付き合い始めた頃、彼は真っ先に父のお墓参りにきてくれました。5歳で父を亡くした私を思ってというより、5歳の子を残して逝った父の気持ちを大切にしてくれたんだと思います。

そして5年が経ち、プロポーズの後、その足で父の墓前に挨拶をしてくれました。いつもと違う着慣れないスーツ姿で頭を下げる姿は、プロポーズの言葉と同じくらい、誠実なものでした。

こんなふうに、まじめで一所懸命な人だから、悲しみも私の倍以上に感じる人です。そして、たくさんの思いを背負って生きています。

これからは、ひとりで踏ん張らなくてもいいように、そんな彼を、優しさと強さをもって支えていこうと思います。この10年で培った強さがきっと私にもあるはずだから。腕がなります（笑）。

父を亡くしてからずっと3人家族だった私は、兄の結婚、甥っ子の誕生に続き、こうして一気に家族が増えました。それが何よりも嬉しいこと。

彼の家の賑やかな食卓のように、大きな笑い声を響かせる我が家の食卓が、彼にとっての安らぎの場所になるように、愛をもって家庭を築いていこうと思います。

そして、これからもこの連載では、等身大の私の言葉で、気付いたこと、伝えたいことを記していくので、楽しみに待っていてください。

（2012年1月号）

激動の年

Essay 30

「結婚」したという実感

気付けば、「新婚さん」と呼ばれるようになって2カ月が過ぎた私ですが、師走の慌ただしさに翻弄されて、甘い時間はどこへやら……。目覚めの瞬間に、左手の薬指にむず痒《がゆ》さを覚える以外は、あまり結婚したという実感がわかないというのが、本当のところ。「人妻」「新妻」なんて響きにも憧れますが、なんだかイヤらしい気がしてしまう、自分の思考回路が心配です（笑）。

そんな折、仕事で海外に行くかもしれないという話になり、もしかして！ とパスポートを開いてみると、思ったとおり、旧姓のまま。そりゃそうだ！ よく考えてみたら、なんにもしてないんだもの。保険証も免許証もクレジットカードだって全て旧姓のまま。

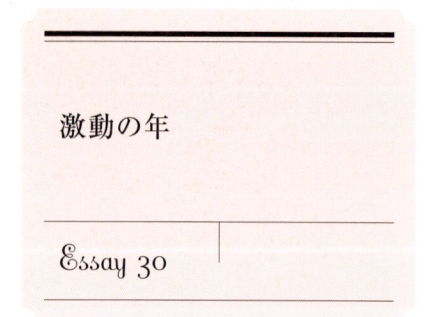

結婚して姓が変わるのは、女性ならではの経験だと楽しみにしていたし、念のためにと、毛筆で名前を書く練習をしたりしたけれど、肝心なことを忘れていました。忙しさにかまけて手をつけずにいましたが、これでは社会人として、いや、妻として失格でございます。

とにかく、早急にパスポートの変更をと思い、戸籍謄本を入手することにしたものの、「そういえば、本籍も変わったんだった！」と、何から何まで慣れない作業にあたふたあたふた。世の奥様方が、皆さんこんな大変な手続きを済ませているのかと思うと、本当に尊敬します。

本籍地の区役所の戸籍課を訪れただけで、なぜだかドキドキする私。

本当に、ここで私の戸籍謄本が受け取れるのかしら。「いや、登録されていませんが……」なんて言われたらどうしようと、怯えながら書類申請の窓口へ向かいました。「少々お待ちください」と渡された番号札を片手に、壁に貼られた「区からのお知らせ」や「子育て支援」などの貼り紙を見ながら、「私、この町で暮らすんだなぁ」と、じんわりしていると、係の方に呼ばれました。

ちゃんと、本籍登録がされていて、ひと安心。戸籍謄本を受け取る瞬間、受付の方が小さな声で、「ご結婚おめでとうございます」と声をかけてくださいました。えっ、お役所で、そんなプライベートなこと言ってくださるの？ と、予期せぬ祝福の言葉になんだかとても幸せな気持ちになりました。

家に帰り、いただいた戸籍謄本を恭しく封筒から出して、ゆっくりと眺めると、そこには「妻」の文字が！　あんまり、実感わかないなぁ……。なんて言っていた私ですが、自分の名前の傍にある「妻」という文字を見た瞬間、その重みがずしりと胸に響き、しばらく、それを眺めていました。紙の上のことだけれど、こういうことの積み重ねが「結婚」の実感を生むのかもしれません。

これまでは、謄本に記された、父の名、母の名を意識することはありませんでしたが、同じ紙の上に、私の両親、そして彼のご両親の名前が記されていて、ここから、また新たな家庭がスタートするのだと、背筋がしゃんと伸びる思いでした。

始まり、そして前へ進む！

激動の1年。

フリーアナウンサーとして、新たな気持ちで動き出した今年、「結婚」という人生の大きな節目を迎えました。正直、この変化について行くのがやっとで、毎日息せき切りながら、必死に進もうとしています。せっかくだから、少しゆっくりしたら? と言ってくれる人もいますが、今は人生に一度しかない「始まりの時」を全身で感じたいと思っています。

新しいことを始めるというのは、とても大きなエネルギーを使います。だけど、ここで勢いよくペダルをこぐことができれば、これからの日々の中で、目の前に坂道が現れた時、少し楽にその坂を登れるかもしれません。辛《つら》くなった時、少しは足を休めることができるかもしれません。いつか、この時間が「当たり前」になった時、「当たり前」であることの幸せを感じられるように、奇跡的にこの世に生まれたふたりが、奇跡的に一緒にいることになったこの瞬間を、大切に感じたいと思います。

今日ある幸せに、こころから感謝しています。

（2012年2月号）

おわりに

ブラウス、ショートパンツ／ともにblugirl（ブルーベル・ジャパンファッション事業本部）ネックレス／Shaesby（ラ・フェリア カスタマーインフォメーションサービス）

もともと、文章を書くのが得意ではなかった私が、こうやって連載を持たせていただき、3年も続けられていることは、はっきり言って奇跡です。正直、毎月襲ってくる締め切りに怯えることもあり、年末の忙しい時期などは逃げ出したくなるほどです。

それでも、もがきながらも続けていくことで、自分という人間を知ることができ、自分の感情に敏感になり、まわりの変化に気付くことができ、いつも次に進む力をもらっています。性根がナマケモノの私は、こうやってやるべきことがある、待っている人がいるという事実に、背中を押され、そうでなければ知ろうとしなかった世界、見えなかった世界に出合うことができます。仕事というのは、楽しいだけではないけれど、自分を成長させてくれる大切なものだと、この連載を通して改めて感じることができました。

思い返せば、仕事に恋に貪欲だった頃。結婚を意識して焦っていた時期。退社という大きな決断と、新たな一歩。そして、結婚。人生の節目や大きな変化を、GINGERとともにしてきました。改めて読み返してみると、原稿を書いていた当時の心境が蘇ってきます。

「あー、この時仕事に行き詰まっていたな」とか「結婚への執着は捨てて仕事を精一杯やろうと決意したな」とか、「締め切り当日に二日酔いで辛かったな」とか……(笑)。いろんな思い出が詰まっているこの本は、とても愛おしい私の分身です。

これからも、形を変えながら、いつも何かを発信していたいと思っています。それは、愛かもしれない、感動かもしれない、どこかの誰かが共感してくれる愚痴かもしれない。そのどんな時も、根底にあるのは「感謝」の気持ちです。今ある日々、そばにある幸せへの感謝を大切に、これからもにっこりと笑って生きていこうと思っています。そして、こうやって、皆さんと繋がることができたら、それが何よりの幸せです。

こんな素敵な機会を与えてくださった、GINGER編集長の片山さん。締め切りとの格闘をいつも温かく見守ってくれる副編集長の平山さん。この本に関わってくださった全ての皆さんに、この場をお借りしてお礼を申し上げます。

そして、この本を手に取ってくれた皆さんの笑顔がますます輝くことを願っています。感謝をこめて。

高島 彩

Cover

撮影／萩庭桂太
スタイリング／田中佐絵子（Tartan）
ヘア&メイクアップ／二法田サトシ（LA DONNA）

トップス／ハロッズ、ショートパンツ／ポール カ
（ともにナイツブリッジ・インターナショナル）
ピアス／Shaesby（ラ・フェリア カスタマーインフォメーションサービス）

Staff

撮影／萩庭桂太［P2-3、6-15、46-51、116］、生田佑介（f-me）［P32-37］、石沢義人［P22-27、102-107］
スタイリング／田中佐絵子（Tartan）
ヘア&メイクアップ／二法田サトシ（LA DONNA）
インタビュー／藤原理加
デザイン／関根亜希子、青木宏之（mag）
アーティストマネージメント／天願英人、大川雄一郎（Phonics）
企画・構成・編集／GINGER編集部

Special Thanks （敬称略）

中野美奈子、フジテレビジョン、花王、GOETHE編集部
石倉和夫、今城純（D-CORD）、勝岡ももこ、NAKA、中村完（f-me）、野口貴司（San・Drago）、丸谷嘉長
青木貴子（WHITEBOX）、大沼こずえ、鈴木えりこ（iELU）、竹川尚美、為井真音（KIND）
藍野律子、荒川たつ野（nude.）、吉野ユリ子

Shop List

αA	☎03・6748・0546
acca 青山店	☎03・5766・3868
アンテプリマジャパン	☎03・5449・6122
オンワード樫山 お客様相談室	☎03・5476・5811
kate spade japan	☎03・5467・1657
三喜商事（イ ブルース、ペニーブラック）	☎03・3238・1554
ストラスブルゴ	☎0120・383・653
Theory（リンク・セオリー・ジャパン）	☎03・6865・0206
ゾフ・パーク原宿	☎03・5766・3501
ナイツブリッジ・インターナショナル（ハロッズ）	☎03・5798・8117
ナイツブリッジ・インターナショナル（ポール カ）	☎03・5798・7265
nanadecor	http://www.nanadecor.com/
Hands of the World	http://handsoftheworld.org/
ブティックオーサキインタ—ナショナル	☎03・3486・8681
ブルーベル・ジャパン ファッション事業本部	☎03・5413・1050
FOXEY 銀座本店	☎03・3573・6008
マックスアンドコー ジャパン	☎03・3498・7201
martinique 丸の内	☎03・5224・3708
MIZUKI	☎0800・300・3033
ラ・フェリア カスタマーインフォメーションサービス	☎0120・03・7299

*この本で紹介したアイテムの中で、特に表記のないものは本人私物です。

Aya Takashima

1979年2月18日生まれ。水瓶座のB型。成蹊大学法学部政治学科卒業後、フジテレビジョンにアナウンサーとして入社。「アヤパン」「めざましテレビ」「平成教育委員会」ほか、数多くの看板番組を担当。2006年から始まった「好きな女性アナウンサーランキング」調査（オリコン・モニターリサーチ）では5回連続で第1位に選ばれ、殿堂入りを果たした。2010年末にフジテレビジョンを退社し、フリーアナウンサーとして活動中。レギュラー番組、スペシャル番組の司会のほか、CM出演など活動の幅を広げている。『GINGER』にて創刊号（2009年5月号）よりエッセイを連載中。

*本書は、『GINGER』2009年5月号〜2012年2月号に掲載された連載エッセイほか、撮りおろし&書きおろしの記事で構成しました。

irodori
なりたい自分に近づくチカラ

2012年2月18日　第1刷発行

著　者　高島 彩
発行者　見城 徹

発行所　株式会社　幻冬舎
〒151-0051　東京都渋谷区千駄ヶ谷4-9-7
電話　03（5411）6269（編集）
　　　03（5411）6222（営業）
　　　振替 00120-8-767643

DTP　株式会社ウイラ
印刷・製本所　大日本印刷株式会社

検印廃止
万一、落丁乱丁のある場合は送料小社負担でお取替致します。小社宛にお送りください。本書の一部あるいは全部を無断で複写複製することは、法律で認められた場合を除き、著作権の侵害となります。定価はカバーに表示してあります。

©AYA TAKASHIMA, GENTOSHA 2012
Printed in Japan

ISBN978-4-344-02133-4 C0095
幻冬舎ホームページアドレス http://www.gentosha.co.jp/
この本に関するご意見・ご感想をメールでお寄せいただく場合は、
comment@gentosha.co.jpまで。